中国石油天然气集团公司工程技术服务队伍岗位

井 下 作 业 专 业

酸化压裂部分

中国石油天然气集团公司工程技术分公司　编写

中国石油大学出版社

图书在版编目(CIP)数据

中国石油天然气集团公司工程技术服务队伍岗位操作
技术规范. 井下作业专业. 酸化压裂部分 / 中国石油天
然气集团公司工程技术分公司编写.—东营：中国石油
大学出版社，2010.5
　　ISBN 978-7-5636-3089-9

　　Ⅰ．①中… Ⅱ．①中… Ⅲ．①井下作业(油气田)－
技术操作规程－中国 Ⅳ．①TE-65

　　中国版本图书馆 CIP 数据核字(2010)第 062123 号

书　　名：井下作业专业(酸化压裂部分)
作　　者：中国石油天然气集团公司工程技术分公司

责任编辑：秦晓霞（电话 0532—86981531）
封面设计：赵志勇

出 版 者：中国石油大学出版社（山东 东营　邮编 257061）
网　　址：http://www.uppbook.com.cn
电子信箱：shiyoujiaoyu@126.com
印 刷 者：青岛双星华信印刷有限公司
发 行 者：中国石油大学出版社（电话 0532—86981532,0546—8392563）
开　　本：180×235　印张：11.5　字数：235 千字
版　　次：2010 年 8 月第 1 版第 1 次印刷
定　　价：38.80 元

《中国石油天然气集团公司工程技术服务队伍岗位操作技术规范》编委会

主　任：杨庆理

副主任：秦文贵　夏显佰

委　员：邹来方　刘乃震　潘仁杰　伍贤柱　邹　野
　　　　郝会民　胡启月　李国顺　王合林　刘硕琼
　　　　王悦军　孙玉玺　安　涛　胡守林　王　鹏
　　　　袁进平

《中国石油天然气集团公司工程技术服务队伍岗位操作技术规范》井下作业专业

编 写 组

主　编：秦文贵

副主编：孙玉玺　　胡守林　　袁进平

成　员：卓建立　韩　琴　许亚东　侯云飞　李诗仙

　　　　王立军　何昀宾　申瑞臣　任源峰　李　军

　　　　高彦尊　张维山　李树良　徐显广　任国稳

　　　　任源峰　马贵明

序

　　《中国石油天然气集团公司工程技术服务队伍岗位操作技术规范》的出版,标志着集团公司工程技术服务行业在队伍规范化、标准化管理的道路上又前进了一大步,对于提高员工的素质、增强队伍的战斗力、提升企业的竞争力将起到非常重要的作用。

　　"十一五"以来,集团公司工程技术服务业务得到了快速发展。在体制创新方面,工程技术服务企业进行了重组整合,成立了工程技术分公司,管理五家钻探公司和三家专业化公司,形成了集团公司、专业公司、工程技术服务企业的三级管理体制,进一步理顺并完善了工程技术服务管理体系,工程技术服务行业管理得到巩固和加强。在技术进步方面,集团公司工程技术服务行业通过引进、消化吸收、自主创新等模式,不断开拓进取,形成了一批先进实用的配套技术;各个专业的新装备、新工具、新工艺不断涌现,使工程技术服务队伍的保障能力及核心竞争力不断增强。然而,在标准化施工方面,我们缺乏一套统一的、与之配套的岗位技术手册来进一步规范各专业现场作业人员的操作行为。工程技术服务队伍现场施工人员是工程技术服务作业的组成核心,其岗位操作能力的高低直接决定着工程技术队伍的服务水平,他们是强化管理、提高保障能力和核心竞争力的最终实践者,因此,规范现场人员管理和操作行为的重要性毋庸置疑。

　　"细节决定成败"。管理就要从细节入手。"环大西洋"号海轮的沉没给我们一个启示:"每个人只错一点点,结果是大错"。工程技术服务队伍涵盖了物探、钻井、录井、测井和井下作业等专业,包括了上百个主要岗位,每个岗位在施工中都是一个环节,都担负一种责任,只有规范了每个环节的操作,保证每个环节不出差错,才能确保施工的顺利完成。

　　在全面推进综合性国际能源公司建设的进程中,集团公司党组更加重视基层建设,采取了一系列有效措施,加强基层、建设基层,进一步提高员工素质。基层是企业生产的前沿，是效益的源头，是发展的基石，是全部工作和战斗力的基础。本《规范》是适应工程技术服务水平不断进步的产物，也是工程技术服务队伍对于现场操作的重新认识，是从无数事故教训中总结出的精髓和升华。因此，要求我们每个岗位员工都要牢记和理解，真正将之作为日常工作的行为准则，严格按照标准化操作，规范化作业，让我们每个岗位员工都能做到照章办事、恪尽职守，这样才能使现场施工更加安全高效，才能使现场管理上升到一个新的水平，才能朝着建设综合性国际能源公司的目标迈进。

本《规范》作为生产一线管理、技术和操作人员的行为准则，涵盖了工程技术五大专业现场施工每个管理环节和操作步骤，是一本很好的现场技术管理教科书。本《规范》的出版发行，对进一步提高工程技术服务现场管理水平、施工能力、队伍素质等方面将起到更加重要的作用，也将使工程技术服务队伍的现场技术管理不断充实和加强。

2010 年 6 月

前　言

　　为了规范中国石油天然气集团公司井下作业岗位操作，提高井下作业岗位操作人员技术素质和队伍整体素质，指导施工作业，实现井下作业岗位操作规范化、标准化，特编写了《中国石油天然气集团公司工程技术服务队伍岗位操作技术规范》井下作业专业部分。本《规范》由中国石油天然气集团公司工程技术分公司组织钻井工程技术研究院等有关单位专家进行编写。在《规范》编写的过程中，编写组反复讨论编写大纲，编写人员本着科学性、先进性、可操作性的原则，通过大量的资料收集检索，结合相关标准和各油田的技术规范等，并广泛征求各单位意见进行修改完善，完成了本《规范》。

　　本《规范》包括三个分册，分别对应三部分内容：试油、测试和试井部分，小修作业和大修作业部分以及酸化压裂部分，每部分岗位操作技术规范包括岗位任职条件、岗位职责和岗位操作规范。试油、测试和试井部分内容主要由胡守林、孙玉玺、袁进平、卓建立、任源峰、马贵明、韩琴、许亚东、侯云飞、李诗仙、王立军、何昀宾等编写，小修作业和大修作业部分内容主要由胡守林、申瑞臣、任源峰、韩琴、李军、高彦尊、张维山、李树良等编写，酸化压裂部分内容主要由孙玉玺、刘硕琼、徐显广、韩琴、任国稳等编写。

　　本《规范》适用于井下作业专业生产一线主要生产管理和操作岗位的现场操作，对现场安全高效作业，提高现场施工管理水平将起到积极的促进作用。

　　尽管编写组尽了最大努力，但由于编写的岗位较多、工序复杂，以及编者业务水平有限，书中难免有不足之处，敬请读者给予批评指正。

编　者

2010 年 3 月

目 录

酸化压裂岗位操作技术规范

酸化压裂队队长岗位操作技术规范

① 岗位任职条件

1.1 **职业道德**:有强烈的事业心和责任感,对工作一丝不苟,勇于开拓,廉洁奉公,以身作则。

1.2 **文化程度**:具有中专及以上文化程度。

1.3 **职业资格**:具有助理工程师及以上工程、地质、机械专业或其他相关专业技术职务任职资格。

1.4 **工作经历**:从事酸化压裂现场工作三年及以上或酸化压裂副队长工作一年及以上。

1.5 **相关知识、能力要求**:

1.5.1 熟悉本行业相关法律、法规、制度及工作流程。

1.5.2 了解相关财务知识、英语、计算机及企业文化知识。

1.5.3 掌握行政管理、生产管理、设备管理、经营管理、安全管理、工程技术专业知识、QHSE 管理体系知识。

1.5.4 持有有效的井控证和 HSE 培训证。

1.5.5 有一定的组织能力,能根据酸化压裂施工要求组织全队完成生产任务。

1.5.6 有一定的综合分析能力,能根据上级精神,结合本单位特点进行分析总结,确定工作重点和管理方法。

1.5.7 有一定的语言文字表达能力,根据相关要求,能起草本队综合分析报告。

1.5.8 身体健康,能承担较繁重的工作任务。

② 岗位职责

2.1 贯彻执行国家法律、法规、方针、政策及上级有关规章制度,在公司主管领导及有关部门的领导下,负责压裂队的生产、经营、设备、安全管理工作。

2.2 负责本单位生产组织、协调、监督、服务及前线和后勤之间的衔接、配合,及时处理生产过程中出现的问题。

2.3 负责本单位行政管理工作,制定本单位年度工作方针和目标,对本单位各岗位职责履行情况进行监督检查、考核。

2.4　负责财务、生产、劳资各类报表及考勤的审批。

2.5　加强劳动纪律管理,发现问题及时处理解决。

2.6　负责本单位劳动力的合理调配,抓好员工队伍素质建设。

2.7　根据酸化压裂设计方案,组织好施工设备,对设备出现的技术问题及时整改和上报。

2.8　作为本队安全生产第一责任人,对本队安全工作负全面责任。

2.9　严格执行 QHSE 管理体系的有关规定和酸化压裂施工过程控制程序,提高施工成功率,降低成本,提高经济效益。

2.10　认真执行 QHSE 管理程序,强化安全管理,确保员工健康、安全,重视环境保护,防止环境污染。带领全体员工为实现公司 HSE 方针、目标而努力。

2.11　经常开展各种形式的 QHSE 教育培训活动,定期对员工进行 QHSE 法律法规、规章制度、"两书一表"、各项操作规程的教育,提高队伍整体素质。

2.12　定期对本队 QHSE 工作进行考核评审,彻底消除不符合项和严重不符合项。

2.13　主持召开本队 QHSE 例会,总结经验,查找问题,部署下一步工作,及时制定岗位风险削减措施和防范措施。

2.14　负责制定木单位 QHSE 管理工作的各项规章制度,并认真组织落实。

2.15　负责组织调查、处理本队发生的工程及安全事故。

2.16　负责监督、检查新工艺、新技术的应用和推广。

2.17　完成上级部门及领导交办的其他工作。

③ 岗位巡回检查

3.1　检查路线。

加砂(酸)压裂:井口→高压组件→高压管汇→压裂泵车→混砂车→砂罐→低压管汇→储液罐→仪表车→整个施工现场。

酸化施工:井口→高压组件→高压管汇→压裂泵车→供液车→低压管汇→储液罐→仪表车→整个施工现场。

3.2　检查项目及内容。

项目	检查内容
(1)井口	(1)施工井口型号及最高工作压力。 (2)井口升高短节安装情况。 (3)井口阀门开关情况,法兰螺栓是否齐全、上紧、上平。 (4)井口地锚绷绳固定情况。 (5)平衡管线及套管压力传感器安装情况

项目	检查内容
(2) 高压组件	(1) 放喷管线固定情况。 (2) 放空高压三通及放空阀门开关情况。 (3) 压力传感器高压三通、单流阀是否垂直。 (4) 投球器工作情况
(3) 高压管汇	(1) 各高压管线、弯头连接是否有缓冲余地。 (2) 各泵车高压旋塞阀的开关情况
(4) 压裂泵车	(1) 高低压管线连接情况。 (2) 各泵的准备情况。 (3) 各泵超压保护是否设定
(5) 混砂车	(1) 进出口管线是否达标。 (2) 各系统的准备情况。 (3) 防静电接地线是否接好
(6) 砂罐	(1) 砂罐车起升情况。 (2) 有无倒换场地及空间。 (3) 各砂罐车的压裂砂质量、数量
(7) 低压管汇	(1) 4 in 管线连接是否牢固、合理。 (2) 各阀门开关情况
(8) 储液罐	(1) 储液罐区各大罐内液体的类型和数量。 (2) 大罐上下扶梯是否牢固,罐上部敞开部位有无护栏。 (3) 酸液大罐口是否用塑料布密封。 (4) 酸罐有无滴漏,标液管是否完好
(9) 仪表车	(1) 各系统工作是否正常。 (2) 超压保护是否设定。 (3) 各岗位通讯是否畅通
(10) 整个施工现场	(1) 警示牌、警示带是否按规定布置好。 (2) 各车灭火装置是否齐全、到位。 (3) 所有施工人员是否按规定穿戴劳保用品

4 岗位操作技术规范

4.1 出车前的准备。

4.1.1 车辆出发前,应对道路、井场进行勘查。

4.1.2 熟知单井施工设计、作业内容、施工程序和施工要求,按施工设计要求准备支撑剂、液体添加剂,配备压裂主机及辅助设备。

4.1.3 确保压裂主机及辅助设备各系统的技术性能。

4.1.4 明确行驶路线，出车前做好设备和人员的安排。

4.1.5 施工前组织相关人员做好单井施工应急预案并由有关领导审批。

4.1.6 施工前组织相关人员做好单井施工作业计划书送交有关领导审核、审批。

4.2 施工前的准备。

4.2.1 设备的安装、布置。

4.2.1.1 应制定一个现场设备布置方案。

4.2.1.2 设备按布置方案依次安放，仪表车应尽量布置在能观察到井口的位置。

4.2.1.3 压裂设备的布置应尽量远离井口，防止意外。

4.2.2 地面低压管汇的连接。

4.2.2.1 从储液罐到低压分配器的管线要连接可靠，不能有滴漏。

4.2.2.2 低压管汇承压至少应不低于 0.4 MPa，4 in 低压管线单根排量应控制在 1.5 m³/min 以下，根据施工设计吸入端应比排出端适当增加上水管线。

4.2.3 地面高压管汇的连接。

4.2.3.1 施工前必须根据施工设计制定工艺流程图。

4.2.3.2 高压管线及各类阀件连接时应严格依照流程图。

4.2.3.3 高压管线及阀件连接前，应对连接部位进行清洗并检查密封垫良好状况，所有管件应连接紧固。

4.2.3.4 高压管线连接后应尽量触地，管路系统应保持适当的柔韧性，以防止管路系统因振动造成泄漏。

4.2.4 检查现场液体和其他入井材料的准备数量和质量。

4.2.5 启泵前，对施工要害部位按 HSE 现场检查表逐项检查并签字确认。

4.3 现场施工。

4.3.1 施工前必须组织召开技术、安全交底和分工会议，明确施工指挥者、主操作手和其他岗位人员，详细说明施工程序、施工参数、技术要求和安全注意事项。

4.3.2 施工开始前，明确发生故障和危险的紧急措施及安全撤离路线。

4.3.3 施工期间，要求施工现场必须有安全警告牌、安全警示带和风向标。

4.3.4 参加现场施工领导小组，负责对现场的一切事务进行处理。

4.3.5 严格按照施工设计要求组织全队人员完成各工序工作内容。

4.3.6 施工中随时掌握施工设备运转动态及各岗位人员的工作情况。

4.3.7 施工中地面设备、管线出现异常，在确保安全的条件下，组织有关人员进行整改，在短期内恢复正常施工。

4.3.8 如施工过程发生液体刺漏或油料泄漏，组织人员采取措施妥善处理，避免发生污染事故。

4.3.9　施工中出现其他突发异常情况时,立即采取相应的处理措施,启动应急预案,依据应急预案采取救援措施。

4.3.10　施工期间积极做好与上级主管部门现场技术人员、上级有关领导的交流沟通工作。

4.4　施工结束后。

4.4.1　组织好施工收尾工作,做好施工现场设备及管线内剩余液的回收工作,恢复井场原貌。

4.4.2　按顺序组织人员将施工设备撤离井场。

⑤ 风险提示及控制措施

工作内容	风险提示	产生的原因	控制措施
施工准备及回厂检查	人员伤害、设备隐患影响施工质量	岗位责任心不强,巡回检查不到位	(1)各岗位严格执行《岗位操作技术规范》,执行《设备安全技术操作规程》。(2)施工前必须组织召开技术、安全交底和分工会议,明确施工指挥者、主操作手和其他岗位负责人,了解施工程序、施工参数、技术要求和安全注意事项
管线连接与拆卸	人员坠落、落物砸伤、意外伤害、设备损坏	岗位责任心不强,违章操作	遵守《酸化压裂施工安全管理规定》和《设备安全技术操作规程》
循环	管线不畅通发生爆裂、人员受伤、设备损坏	岗位责任心不强,违章操作	连接前检查管线通畅情况,循环时将闸门开启;设定超压保护
试压	高低压管线破裂	未按规定进行高压管汇的检测	(1)执行《高压管汇管理规定》,各泵车按施工要求设置超压保护。(2)试压值以施工设计为准,试压时保持5 min不刺不漏为合格
泵注过程	堵管柱或砂堵	人员误操作,设备故障	(1)按设计和现场指挥要求施工;所有岗位人员必须听从施工指挥一人发出的指令。(2)维护好设备
	酸蚀	酸液飞溅,罐阀门或管线腐蚀	(1)定期对高低压管汇进行检测,保证无刺漏。(2)所有施工人员,应严格按规定穿戴好劳保用品

5

工作内容	风险提示	产生的原因	控制措施
泵注过程	井场着火	油基压裂液施工过程中泵送系统泄漏	(1) 油基压裂时高压检测中心要对管汇进行检测,以保证无刺漏。 (2) 严禁烟火,地面消防设施必须完好齐全
	听力损伤	未正确使用劳动保护用品	施工现场佩戴防噪音耳塞或对讲机。
	源辐射	源泄漏、辐射	加入防护屏障,非工作人员远离放射源,工作人员连接数据线后快速撤离。施工完毕后及时关闭放射源闸板
	井口、高压管线刺漏伤人	无安全标识	(1) 必须有安全警告牌、警示带和风向标。 (2) 明确发生故障和危险的紧急措施及安全撤离路线。 (3) 非岗位操作人员,一律不允许进入高压区
施工结束	现场遗留废弃物	环境污染	(1) 生活垃圾和工业垃圾集中收藏,施工残液按上级主管部门技术人员指定地点排放。 (2) 如施工过程中发生液体刺漏或油料泄漏,应采取措施妥善处理,避免发生污染事故

⑥ 施工过程中风险应急处理的一般措施

主要概述施工过程中发生危险情况时,施工人员应迅速做出应急反应,以及处理风险的一般措施。

6.1 酸蚀。

6.1.1 发生人员被酸灼伤时,立即将被灼伤人员带领到清水和苏打水摆放处,用清水和苏打水清洗被灼伤人员的受伤处。

6.1.2 现场发现人员受伤应立即向施工负责人报告。

6.1.3 现场负责人安排车辆将受伤人员送往就近医院治疗,并报上级主管部门。

6.2 交通事故。

6.2.1 发生交通事故时,事故单位负责人以最快捷方式通知上级主管部门,通知内容包括:时间、地点、伤害原因、伤害人数、伤害程度等。

6.2.2 上级主管部门接到报告后须立即报告安全第一责任人及安全主管部门。

6.2.3 事故现场负责人必须以最快的速度,将伤员送至最近的医院抢救治疗,并在现场按要求摆放警示标志。

6.2.4 接到事故通知后,抢救组负责通知医院做好急救准备,迅速赶到医院,办理住院手续,同时派人及时做好伤员及家属的安抚工作。

6.2.5 安全主管部门负责事故调查和现场处置。

6.3 管线连接时,发生人员坠落、落物砸伤、榔头伤人。

6.3.1 受伤较轻时,现场受过急救培训的人员立即利用现场急救包进行处理。

6.3.2 受伤较重时,现场负责人立即以最快捷方式通知上级主管部门,通知内容包括:时间、地点、伤害原因、伤害人数、伤害程度。

6.3.3 上级主管部门须立即报告安全第一责任人及安全主管部门。

6.3.4 事故现场负责人对受伤人员现场处理后,以最快速度将伤员送至最近医院抢救治疗。

6.3.5 接到事故通知后,抢救组负责通知医院做好急救准备,办理住院手续,同时派人及时做好伤员及家属的安抚工作。

6.3.6 安全主管部门负责事故调查和现场处置。

6.4 试压时造成高、低压管线破裂,立即停止试压,更换破裂管线。

6.5 高压泵注。

6.5.1 高、低压管线破裂事故。

(1)立刻紧急停泵。

(2)作业工立刻关闭井口与压裂车之间的旋塞阀。

(3)作业工立即关闭井口阀门。

(4)现场压裂指挥指挥更换高、低压管汇,并组织对现场进行清理。

(5)由现场领导小组决定是否继续施工。

6.5.2 堵管柱或砂堵。

(1)按现场施工工序要求降低排量,当压力超过设计最大值时,立即停泵。

(2)开井放喷,至少放出一个管串容积液量,将井筒中浓砂液尽量放出。

(3)用基液试挤,如压力不超压,砂堵解除,可泵注一定量的冻胶液后继续加砂;如试挤压力快速上升,砂堵未解除,则停止试挤,用水或基液反循环洗井,直到洗通为止。

(4)反循环洗井,出口管线必须用硬管线连接,返出物必须进罐,现场安全员在罐口做有毒有害气体检测。

(5)洗通或放通后,由现场领导小组根据情况决定是否继续施工。

6.5.3 井场着火。

(1)立刻紧急熄火,停泵;混砂车操作工紧急熄火,停止供液。

(2)压裂应急小分队在现场总指挥的指挥下用车载灭火器施救。

(3)通知消防车进入现场施救。

(4)未连接管线的车辆司机立即将车辆开至安全地点。

（5）作业队立即组织人员抢关井口阀门（无保护器）。

（6）压裂队立即组织压裂作业工抢关井口与管汇之间的旋塞阀。

（7）压裂队作业工从放压阀放压。

（8）各车司机、泵工配合砸开高压管线，在火情允许的情况下，将车辆开至安全地点。

（9）现场抢险组在现场总指挥的统一指挥下，配合消防队灭火。

（10）其余人员在现场总指挥的指挥下撤至安全集合点待命，并清点人数。

（11）现场负责人立即通知上级主管部门，并报告火情、地点、是否需要增援。

（12）上级主管部门立即通知第一安全责任人赶赴现场。

（13）安全主管部门赶赴现场处理事故。

（14）灭火中的注意事项：

① 灭火工作应采用"先控制，后灭火"的原则，防止火势蔓延和扩大。

② 现场救火人员必须在确保自身安全的情况下才能救火。

③ 火灾险情消除后，待安全人员检查现场，确认安全后，方可进行现场勘查工作。

酸化压裂队副队长岗位操作技术规范

① 岗位任职条件

1.1 职业道德:有强烈的事业心和责任感,对工作一丝不苟,勇于开拓,廉洁奉公,以身作则。

1.2 文化程度:具有中专及以上文化程度。

1.3 职业资格:具有技术员及以上工程、地质、机械专业或其他相关专业技术职务任职资格。

1.4 工作经历:从事压裂酸化现场生产或技术工作一年以上。

1.5 相关知识、能力要求:

1.5.1 熟悉本行业相关法律、法规、制度及工作流程。

1.5.2 了解行政管理、生产管理、设备管理、经营管理、安全管理、工程技术专业知识、QHSE 管理体系知识。

1.5.3 持有有效的井控证和 HSE 培训证。

1.5.4 有一定的组织能力,能根据酸化压裂施工要求组织全队完成生产任务。

1.5.5 有一定的综合分析能力,能根据上级精神,结合本单位特点进行分析总结,确定工作重点和管理方法。

1.5.6 有一定的语言文字表达能力,能根据相关要求,起草本队综合分析报告。

1.5.7 较系统地掌握机械工程、采油工程等基础理论知识;熟练掌握酸化压裂设备所用各种机械、电气配件,高、低压管件和阀门等性能;熟悉常用材料的规格、性能、用途、使用寿命等。

1.5.8 身体健康,能承担较繁重的工作任务。

② 岗位职责

2.1 贯彻执行国家法律、法规、方针、政策及上级有关规章制度,在酸化压裂队队长的领导下,负责酸化压裂队的生产、设备、安全管理工作。

2.2 负责本单位生产组织、协调、监督、服务及前线和后勤之间的衔接、配合,及时处理生产过程中出现的问题。

2.3 参与本单位行政管理工作,负责对本单位岗位职责履行情况进行监督检查、考核。

2.4　协助队长制定全队设备材料计划、设备保养维修计划及设备管理规程。

2.5　根据酸化压裂设计方案,组织好施工设备,对设备出现的技术问题及时整改和上报。

2.6　协助队长抓好本队安全生产工作,组织开展安全活动,进行安全教育和技术培训。

2.7　协助队长抓好全队的 QHSE 培训工作,并做好 QHSE 培训记录,负责本队 QHSE 事故的调查、分析工作。

2.8　认真执行 QHSE 管理程序,强化安全管理,确保员工健康、安全,重视环境保护,防止环境污染。定期对本队 QHSE 工作考核进行评审,消除不符合项和严重不符合项。

2.9　负责制定本单位 QHSE 管理工作的各项规章制度,并认真组织落实。

2.10　协助队长搞好全队的岗位技术培训、岗位练兵及技术比赛工作。

2.11　负责督促新工艺、新技术的应用和推广。

2.12　完成上级部门及队长交办的其他工作。

③ 岗位巡回检查

3.1　检查路线。

加砂(酸)压裂:井口→高压组件→高压管汇→压裂泵车→混砂车→砂罐→低压管汇→储液罐→仪表车→整个施工现场。

酸化施工:井口→高压组件→高压管汇→压裂泵车→供液车→低压管汇→储液罐→仪表车→整个施工现场。

3.2　检查项目及内容。

项目	检查内容
(1) 井口	(1) 施工井口型号及最高工作压力。 (2) 井口升高短节安装情况。 (3) 井口阀门开关情况,法兰螺栓是否齐全、上紧、上平。 (4) 井口地锚绷绳固定情况。 (5) 平衡管线及套管压力传感器安装情况
(2) 高压组件	(1) 放喷管线固定情况。 (2) 放空高压三通及放空阀门开关情况。 (3) 压力传感器高压三通及单流阀是否垂直。 (4) 投球器工作情况
(3) 高压管汇	(1) 各高压管线、弯头连接是否有缓冲余地。 (2) 各泵车高压旋塞阀的开关情况

续表

项目	检查内容
（4）压裂泵车	（1）高、低压管线连接情况。 （2）各泵的准备情况。 （3）各泵超压保护是否设定
（5）混砂车	（1）进出口管线是否达标。 （2）各系统的准备情况。 （3）防静电接地线是否接好
（6）砂罐	（1）砂罐车起升情况。 （2）有无倒换场地及空间。 （3）各砂罐车的压裂砂质量、数量
（7）低压管汇	（1）4 in 管线连接是否牢固、合理。 （2）各阀门开关情况
（8）储液罐	（1）储液罐区各大罐内液体类型和数量。 （2）大罐上下扶梯是否牢固，罐上部敞开部位有无护栏。 （3）酸液大罐口是否用塑料布密封。 （4）酸罐有无滴漏，标液管是否完好
（9）仪表车	（1）各系统工作是否正常。 （2）超压保护是否设定。 （3）各岗位通讯是否畅通
（10）整个施工现场	（1）警示牌、警示带是否按规定布置好。 （2）各车灭火装置是否齐全、到位。 （3）所有施工人员是否按规定穿戴劳保用品

④ 岗位操作技术规范

4.1 出车前的准备。

4.1.1 车辆出发前，应对道路、井场进行勘查。

4.1.2 熟知单井施工设计、作业内容、施工程序和施工要求，按施工设计要求准备支撑剂、液体添加剂，配备压裂主机及辅助设备。

4.1.3 确保压裂主机及辅助设备各系统的技术性能。

4.1.4 明确行驶路线，出车前做好设备和人员的安排。

4.2 施工前的准备。

4.2.1 设备的安装、布置。

4.2.1.1 应制定一个现场设备布置方案。

4.2.1.2 设备按布置方案依次安放，仪表车应尽量布置在能观察到井口的位置。

4.2.1.3 压裂设备的布置应尽量远离井口,防止意外。

4.2.2 地面低压管汇的连接。

4.2.2.1 从储液罐到低压分配器的管线要连接可靠,不能有滴漏。

4.2.2.2 低压管汇承压应至少不低于 0.4 MPa,4 in 低压管线单根排量应控制在 1.5 m³/min 以下,根据施工设计吸入端应比排出端适当增加上水管线。

4.2.3 地面高压管汇的连接。

4.2.3.1 施工前必须根据施工设计制定工艺流程图。

4.2.3.2 高压管线及各类阀件连接时应严格依照流程图。

4.2.3.3 高压管线及阀件连接前,应对连接部位进行清洗并检查密封垫良好状况,所有管件应连接紧固。

4.2.3.4 高压管线连接后应尽量触地,管路系统应保持适当的柔性,以防止管路系统因振动造成泄漏。

4.2.4 检查现场液体和其他入井材料的准备数量和质量。

4.2.5 启泵前,对施工要害部位按 HSE 现场检查表逐项检查并签字确认。

4.3 现场施工。

4.3.1 施工前必须组织召开技术交底、安全交底和分工会议,明确施工指挥者、主操作手和其他岗位人员,详细说明施工程序、施工参数、技术要求和安全注意事项。

4.3.2 施工开始前,明确发生故障和危险的紧急措施,以及安全撤离路线。

4.3.3 施工期间,要求施工现场必须有安全警告牌、安全警示带和风向标。

4.3.4 参加现场施工领导小组,负责对现场的一切事务进行处理。

4.3.5 严格按照施工设计要求组织全队人员完成各工序工作内容。

4.3.6 施工中随时掌握施工设备运转动态、各岗位人员的工作情况。

4.3.7 施工中地面设备、管线出现异常时,在确保安全的条件下,组织有关人员进行整改,在短期内恢复正常施工。

4.3.8 如施工过程发生液体刺漏或油料泄漏,组织人员采取措施妥善处理,避免发生污染事故。

4.3.9 施工中出现其他突发异常情况时,立即采取相应的处理措施,启动应急预案,依据应急预案采取救援措施。

4.3.10 施工期间积极做好与上级主管部门现场技术人员、上级有关领导的交流沟通工作。

4.4 施工结束后。

4.4.1 组织好施工收尾工作,做好施工现场设备及管线内剩余液的回收工作,恢复井场原貌。

4.4.2 按顺序组织人员将施工设备撤离井场。

⑤ 风险提示及控制措施

工作内容	风险提示	产生的原因	控制措施
施工准备及回厂检查	人员伤害、设备隐患影响施工质量	岗位责任心不强,巡回检查不到位	(1) 各岗位严格执行《岗位操作技术规范》,执行《设备安全技术操作规程》。 (2) 施工前必须组织召开技术、安全交底和分工会议,明确施工指挥者、主操作手和其他岗位负责人,了解施工程序、施工参数、技术要求和安全注意事项
管线连接与拆卸	人员坠落、落物砸伤、意外伤害、设备损坏	岗位责任心不强,违章操作	遵守《酸化压裂施工安全管理规定》和《设备安全技术操作规程》
循环	管线不畅通发生爆裂、人员受伤、设备损坏	岗位责任心不强,违章操作	连接前检查管线通畅,循环时将闸门开启;设定超压保护
试压	高、低压管线破裂	未按规定进行高压管汇的检测	(1) 执行《高压管汇管理规定》,各泵车按施工要求设置超压保护。 (2) 试压值以施工设计为准,试压时保持5 min不刺不漏为合格
泵注过程	堵管柱或砂堵	人员误操作,设备故障	(1) 按设计和现场指挥要求施工;所有岗位人员必须听从施工指挥一人发出的指令。 (2) 维护好设备
	酸蚀	酸液飞溅、罐阀门或管线腐蚀	(1) 定期对高、低压管汇进行检测,保证无刺漏。 (2) 所有施工人员,应严格按规定穿戴好劳动保护用品
	井场着火	油基压裂液施工过程中泵送系统泄漏	(1) 油基压裂时高压检测中心要对管汇进行检测,确保无刺漏。 (2) 严禁烟火,地面消防设施必须完好齐全
	听力损伤	未正确使用劳动保护用品	施工现场佩戴防噪音耳塞或对讲机
	源辐射	源泄漏、辐射	加入防护屏障,非工作人员远离放射源,工作人员连接数据线后快速撤离。施工完毕后及时关闭放射源闸板

工作内容	风险提示	产生的原因	控制措施
泵注过程	井口、高压管线刺漏伤人	无安全标识	(1) 必须有安全警告牌、警示带和风向标。 (2) 明确发生故障和危险的紧急措施，以及安全撤离路线。 (3) 非岗位操作人员，一律不允许进入高压区
施工结束	现场遗留废弃物	环境污染	(1) 生活垃圾和工业垃圾集中收藏，施工残液按上级主管部门技术人员指定地点排放。 (2) 如施工过程中发生液体刺漏或油料泄漏，应采取措施妥善处理，避免发生污染事故

(6) 施工过程中风险应急处理的一般措施

主要概述施工过程中发生危险情况时，施工人员应迅速做出应急反应，以及处理风险的一般措施。

6.1　酸蚀。

6.1.1　发生人员被酸灼伤时，立即将被灼伤人员带领到清水和苏打水摆放处，用清水和苏打水清洗被灼伤人员的受伤处。

6.1.2　同时现场发现人员立即向施工负责人报告。

6.1.3　现场负责人安排车辆将受伤人员送往就近医院治疗，并报上级主管部门。

6.2　交通事故。

6.2.1　发生交通事故，事故单位负责人应以最快捷方式通知上级主管部门，通知内容包括：时间、地点、伤害原因、伤害人数、伤害程度等。

6.2.2　上级主管部门接到报告后须立即报告安全第一责任人及安全主管部门。

6.2.3　事故现场负责人，必须以最快的速度，将伤员送至最近的医院抢救治疗，并在现场按要求摆放警示标志。

6.2.4　接到事故通知后，抢救组负责通知医院做好急救准备，迅速赶到医院，办理住院手续，同时派人及时做好伤员家属的安抚工作。

6.2.5　安全主管部门负责事故调查和现场处置。

6.3　管线连接时，发生人员坠落、落物砸伤、榔头伤人。

6.3.1　受伤较轻时，现场受过急救培训的人员立即利用现场急救包，现场进行处理。

6.3.2　受伤较重时，现场负责人立即以最快捷方式通知上级主管部门，通知内容包括：时间、地点、伤害原因、伤害人数、伤害程度。

6.3.3 上级主管部门须立即报告安全第一责任人及安全主管部门。

6.3.4 事故现场负责人对受伤人员现场处理后,以最快速度将伤员送至最近医院抢救治疗。

6.3.5 接到事故通知后,抢救组负责通知医院做好急救准备,办理住院手续,同时派人及时做好伤员家属的安抚工作。

6.3.6 安全主管部门负责事故调查和现场处置。

6.4 试压时造成高、低压管线破裂,立即停止试压,更换破裂管线。

6.5 高压泵注。

6.5.1 高、低压管线破裂事故。

(1)立刻紧急停泵。

(2)作业工立刻关闭井口与管汇车之间的旋塞阀。

(3)作业工立即关闭井口阀门。

(4)压裂现场指挥指挥更换高、低压管汇,并组织对现场进行清理。

(5)由现场领导小组决定是否继续施工。

6.5.2 堵管柱或砂堵。

(1)按现场施工工序要求降低排量,当压力超过设计最大值时,立即停泵。

(2)开井放喷,至少放出一个管串容积液量,将井筒中浓砂液放出。

(3)用基液试挤,如压力不超压,砂堵解除,可泵注一定量的冻胶液后继续加砂;如试挤压力快速上升,砂堵未解除,则停止试挤,用水或基液反循环洗井,直到洗通为止。

(4)反循环洗井,出口管线必须用硬管线连接,返出物必须进罐,现场安全员在罐口做有毒有害气体检测。

(5)洗通或放通后,由现场领导小组根据情况决定是否继续施工。

6.5.3 井场着火。

(1)立刻紧急熄火,停泵;混砂车操作工紧急熄火,停止供液。

(2)现场应急小分队在现场总指挥的指挥下用车载灭火器施救。

(3)通知消防车进入现场施救。

(4)未连接管线的车辆司机立即将车辆开至安全地点。

(5)作业队立即组织人员抢关井口阀门(无保护器)。

(6)压裂队立即组织酸化压裂作业工抢关井口与管汇之间的旋塞阀。

(7)压裂队作业工从放压阀放压。

(8)各车司机、泵工配合砸开高压管线,在火情允许的情况下,将车辆开至安全地点。

(9)现场抢险组在现场总指挥的统一指挥下,配合消防队灭火。

(10)其余人员在现场总指挥的指挥下撤至安全集合点待命,并清点人数。

(11)现场负责人立即通知上级主管部门,并报告火情、地点、是否需要增援。

（12）上级主管部门立即通知第一责任人赶赴现场。

（13）安全主管部门赶赴现场处理事故。

（14）灭火中的注意事项：

① 灭火工作应采用"先控制，后灭火"的原则，防止火势蔓延和扩大。

② 现场救火人员必须在确保自身安全的情况下才能救火。

③ 火灾险情消除后，待安全人员检查现场，确认安全后，方可进行现场勘查工作。

酸化压裂施工指挥岗位操作技术规范

① 岗位任职条件

1.1　职业道德:有强烈的事业心和责任感,对工作一丝不苟,勇于开拓,廉洁奉公,以身作则。

1.2　文化程度:具有钻井、采油工程类本科及以上文化程度。

1.3　职业资格:具有工程师及以上工程、地质、机械专业或其他相关技术职务任职资格。

1.4　工作经历:从事酸化压裂现场工作或相关专业工作三年以上。

1.5　相关知识、能力要求:

1.5.1　熟悉本行业相关法律、法规、制度及工作流程。

1.5.2　掌握采油工程、机械工程、流体工程的一般理论常识。

1.5.3　掌握酸化压裂的基本原理及工艺过程。

1.5.4　掌握计算机常识,能看懂一般专业英语或计算机语言。

1.5.5　懂得酸化压裂设计基本原理及设计程序。

1.5.6　掌握酸化压裂使用管汇、管线、活动弯头规格及使用负荷,知道一根 4 in 低压胶管的最大流量;知道井身结构、各类压裂井口装置和额定负荷。

1.5.7　掌握酸化压裂所用各种车辆的基本工作原理和性能参数;知道一般试油作业工序;知道封隔器等井下工具的工作原理及用途。

1.5.8　懂得酸化压裂各种液体的性能和用途,能判断压裂液质量和支撑剂类型。

1.5.9　根据现场情况和现有管汇,组合高低压管线,并达到技术标准。

1.5.10　掌握行政管理、生产管理、设备管理、安全管理、工程技术专业知识及 QHSE 管理体系知识。

1.5.11　持有有效的井控证和 HSE 培训证。

1.5.12　具有较强的组织协调能力,能根据酸化压裂施工要求组织全队完成生产任务。遇到施工中出现的问题能随机应变,处理得当,确保施工质量。

1.5.13　具有较强的语言文字表达能力和综合分析能力,指挥命令通俗易懂,能够编写施工总结报告和事故分析处理报告。

1.5.14　身体健康,能承担较繁重的工作任务。

② 岗位职责

2.1 认真贯彻执行有关酸化压裂技术规范、企业及行业标准、操作规程及规章制度,并监督检查执行情况。

2.2 参与制定本单位的工程技术规范、施工质量标准、施工流程及安全生产操作标准,并实施于现场。

2.3 按施工设计和 QHSE 管理体系文件要求,落实井场情况,掌握参加施工的设备、人员及施工井的准备情况。

2.4 对于施工设计的内容要认真阅读和研究,掌握施工井状况和施工各项技术参数及要求,做到心中有数。

2.5 按施工设计要求,核实工作液类型、数量,添加剂比例、数量,支撑剂规格、数量。

2.6 据井场实际情况调整好车辆进场顺序,摆车过程中要前后照应,声音清晰,手势准确,严防挂碰,杜绝碰坏井场设施和压坏井场油气管线。

2.7 认真检查井口装置及高低压管线连接是否符合规定要求。

2.8 负责对参加施工的人员进行施工设计技术交底、安全交底和组织分工,提出安全注意事项和施工要求。

2.9 施工过程中严格按照 QHSE 要求和设计施工,确保施工质量,不得随意更改。

2.10 施工中出现意外情况要判断准确,处理果断,严防工程事故和人员伤害事故的发生。

2.11 负责本岗位 QHSE 的控制,严格按本岗位"两书一表"的要求实施,对本岗位检查发现的问题及时进行整改。

2.12 掌握与本岗位相关的 QHSE 管理体系要求,积极参加 QHSE 活动,增强意识,履行本岗位应急职责。

2.13 负责推广和应用酸化压裂新工艺、新技术,提高施工水平,勇于创新,积极改进技术工作。

2.14 严格把好施工质量关,对酸化压裂中出现的质量问题要监督整改,确保施工质量。

2.15 酸化压裂施工指挥岗是现场施工组织第一负责人,发布一切施工指令。

2.16 参与本单位的生产经营活动,为提高本单位经济效益提出合理化建议。

2.17 努力完成上级部门及领导交办的其他任务。

③ 岗位巡回检查

3.1 检查路线。

加砂(酸)压裂:井口→高压组件→高压管汇→压裂泵车→混砂车→砂罐→低压管汇

→储液罐→仪表车。

酸化施工:井口→高压组件→高压管汇→压裂泵车→供液车→低压管汇→储液罐→仪表车。

3.2 检查项目及内容。

项目	检查内容
(1) 井口	(1) 施工井口型号及最高工作压力。 (2) 井口升高短节安装情况。 (3) 井口阀门开关情况,法兰螺栓是否齐全、上紧、上平。 (4) 井口地锚绷绳固定情况。 (5) 平衡管线及套管压力传感器安装情况。 (6) 井下压裂管柱结构、尺寸、深度及最小内径
(2) 高压组件	(1) 放喷管线固定情况。 (2) 放空高压三通及放空阀门开关情况。 (3) 压力传感器高压三通、单流阀是否垂直。 (4) 投球器工作情况。 (5) 高压组件连接顺序
(3) 高压管汇	(1) 各高压管线、弯头连接是否有缓冲余地。 (2) 各泵车高压旋塞阀的开关情况
(4) 压裂泵车	(1) 高、低压管线连接情况。 (2) 各泵的准备情况。 (3) 各泵超压保护的设定
(5) 混砂车	(1) 进出口管线根数是否达标。 (2) 各系统的准备情况。 (3) 砂密度计开关情况。 (4) 交联剂泵的工作情况。 (5) 输砂绞笼的工作情况。 (6) 防静电接地线是否接好
(6) 砂罐	(1) 砂罐车举升情况。 (2) 有无倒换场地及空间。 (3) 各砂罐车的砂质量、数量
(7) 低压管汇	(1) 4 in 管线连接是否牢固、合理,根数是否达到供液要求。 (2) 各阀门开关、密封情况
(8) 储液罐	(1) 确认储液罐区各大罐内液体类型、数量及有效用液量。 (2) 大罐上下扶梯是否牢固,罐上部敞开部位有无护栏。 (3) 酸液大罐口是否用塑料布密封。 (4) 交联剂等添加剂的准备情况。 (5) 酸罐有无滴漏,标液管是否完好

续表

项目	检查内容
(9)仪表车	(1)各仪表系统工作是否正常。 (2)超压保护是否设定。 (3)各岗位通讯是否畅通。 (4)各显示屏显示情况。 (5)压力、排量、砂比各参数是否校验

④ 岗位操作技术规范

4.1　出车前的准备。

4.1.1　熟知单井施工作业内容、施工程序,出车前做好设备和人员的安排。

4.1.2　施工前做好单井施工应急预案并由主管部门领导审核。

4.1.3　施工前做好单井施工作业计划书并由主管部门领导审核。

4.1.4　带好施工设计、各项记录、"两书一表"及客户反馈意见表。

4.2　施工前的准备。

4.2.1　穿戴好劳动保护用品。

4.2.2　依据现场实际情况,合理摆放设备,满足施工设计要求。

4.2.3　依据设计和安全操作规程,组织和负责施工设备及高、低压管线的连接。

4.2.4　检查现场液体和其他入井材料的准备数量和质量,填写施工原始记录表。

4.2.5　启泵前,对施工要害部位按 HSE 现场检查表逐项检查并签字确认。

4.3　现场施工。

4.3.1　组织召开施工前的安全、技术交底会。

4.3.2　明确各岗位职责,并进行分工。

4.3.3　检查施工设备的准备情况和通讯系统,在一切正常的情况下发出施工指令。

4.3.4　严格按照施工设计要求完成各工序工作内容。

4.3.5　施工中随时掌握施工设备运转动态。

4.3.6　施工中随时掌握液体和支撑剂的使用情况、大罐液面下降情况、交联情况等关键问题。

4.3.7　施工中及时向各岗位通报施工动态,如:液量、砂(酸)量、油套压等关键数据。

4.3.8　施工中地面设备或管线出现异常,在不影响正常施工的前提下调整设备,否则实施紧急预案采取停泵放压整改,在短期内恢复正常施工。

4.3.9　施工中出现砂堵、油套压突变等异常情况时,立即采取相应的处理措施,在确保安全的前提下征求上级主管部门处理意见。如:现场监督或上级主管部门现场负责技术人员提出更改指令,要做到指令有文字记录和签名。

4.3.10 施工期间积极做好与上级主管部门有关领导及现场技术人员的技术沟通工作。

4.4 一般操作程序。

4.4.1 循环试压。

4.4.1.1 循环前必须对整个施工流程上各种阀件进行检查。

4.4.1.2 循环所用液体应排放到专门的储液罐或指定位置。

4.4.1.3 试压前,应排空设备及高、低压管线内的空气。

4.4.1.4 试压值以施工设计为准,试压时保持 5 min 不刺不漏为合格。

4.4.2 加砂(酸)压裂施工。

4.4.2.1 严格按照施工设计进行施工。

4.4.2.2 泵注压井液或低替基液。根据注入方式不同,将压井液或基液充满油管或井筒内。当施工使用水力扩张或水力压缩式封隔器时,应严格控制替液排量,避免封隔器提前坐封。

4.4.2.3 泵注前垫液。此阶段主要是预造缝,冷却和预处理地层。

4.4.2.4 泵注前置液。此阶段主要是造缝,应尽快提高排量,达到设计值,并保持稳定。该阶段应对前置液取样监控,检查液体成胶情况,保证施工质量。

4.4.2.5 泵注携砂(酸)液。按设计程序要求,用选定的混砂车加砂(酸)模式进行阶段加砂(酸)。此阶段应密切监视携砂液密度或加砂比,及时调整加砂(酸)速度,定时对携砂(酸)液进行取样监控。

4.4.2.6 注意加砂(酸)时的压力变化,若裂缝脱砂砂堵,应及时停泵处理。

4.4.2.7 泵注顶替液。当砂浓度降到一定值时开始计顶替液,顶替一定要适量。顶替阶段要保证高浓度砂(酸)顺利进入裂缝。

4.4.2.8 在整个施工泵注过程中要控制油压和平衡压力之差在封隔器承压范围之内。

4.4.2.9 压裂结束后,按设计要求记录压力降落。

4.4.3 酸化施工。

4.4.3.1 低压替酸。用酸液或前置液充满井内油管。此过程中,一般应严格控制替液排量和替入量。

4.4.3.2 启动封隔器。低替完成后,应及时启动封隔器,密封油套环形空间,一旦封隔器坐封,快速关闭套管闸门,并根据油管压力的上升情况建立平衡压力。

4.4.3.3 高压注酸。在整个施工泵注过程中要尽可能地维持油压和平衡压力之差在封隔器承压范围之内。高压泵注排量应稳定在设计规定范围内。

4.4.3.4 泵注顶替液。应当严格按照设计要求注入顶替液。

4.4.3.5 按设计要求记录酸化施工后的压力降落。

4.5 施工结束。

4.5.1 施工结束后,下指令停泵,测压后关闭井口总阀门,打开放空阀泄压。

4.5.2 组织好施工收尾工作,做好施工资料的整理上报。

4.5.3 在现场征求上级主管部门监督或技术人员意见填写施工评价表并存档。

⑤ 风险提示及控制措施

工作内容	风险提示	产生的原因	控制措施
施工准备及回厂检查	人员伤害、设备隐患影响施工质量	岗位责任心不强,巡回检查不到位	(1) 各岗位严格执行《岗位操作技术规范》,执行《设备安全技术操作规程》。 (2) 施工前必须召开技术、安全交底和分工会议,明确施工指挥者、主操作手和其他岗位负责人,了解施工程序、施工参数、技术要求和安全注意事项
管线连接与拆卸	人员坠落、落物砸伤、意外伤害、设备损坏	岗位责任心不强,违章操作	遵守《酸化压裂施工安全管理规定》和《设备安全技术操作规程》
循环	管线不畅通发生爆裂、人员受伤、设备损坏	岗位责任心不强,违章操作	连接前检查管线通畅情况,循环时将闸门开启;设定超压保护
试压	高、低压管线破裂	未按规定进行高压管汇的检测	(1) 执行《高压管汇管理规定》,各泵车按施工要求设置超压保护。 (2) 试压值以施工设计为准,试压时保持5 min不刺不漏为合格
泵注过程	堵管柱或砂堵	人员误操作,设备故障	(1) 按设计和现场指挥要求施工;所有岗位人员必须听从施工指挥一人发出的指令。 (2) 维护好设备
	酸蚀	酸液飞溅、罐阀门或管线腐蚀	(1) 定期对高低压管汇进行检测保证无刺漏。 (2) 所有施工人员,应严格按规定穿戴好劳保用品
	井场着火	油基压裂液施工过程泵送系统泄漏	(1) 油基压裂时高压检测中心要对管汇检测,确保无刺漏。 (2) 严禁烟火,地面消防设施必须完好齐全

续表

工作内容	风险提示	产生的原因	控制措施
泵注过程	听力损伤	未正确使用劳动保护用品	施工现场佩戴防噪音耳塞或对讲机
	源辐射	源泄漏、辐射	加入防护屏障，非工作人员远离放射源，工作人员连接数据线后快速撤离。施工完毕后及时关闭放射源闸板
	井口、高压管线刺漏伤人	无安全标识	(1) 必须有安全警告牌、警示带和风向标。 (2) 明确发生故障和危险的紧急措施，以及安全撤离路线。 (3) 非岗位操作人员，一律不允许进入高压区
施工结束	现场遗留废弃物	环境污染	(1) 生活垃圾和工业垃圾集中收藏，施工残液按上级主管部门技术人员指定地点排放。 (2) 如施工过程中发生液体刺漏或油料泄漏，应采取措施妥善处理，避免发生污染事故

⑥ 施工过程中风险应急处理的一般措施

主要概述施工过程中发生危险情况时，施工人员应迅速做出应急反应，以及处理风险的一般措施。

6.1 酸蚀。

6.1.1 发生人员被酸灼伤时，立即将被灼伤人员带领到清水和苏打水摆放处，用清水和苏打水清洗被灼伤人员的受伤处。

6.1.2 现场发现人员受伤立即向施工现场负责人报告。

6.1.3 现场负责人安排车辆将受伤人员送往就近医院治疗，并报上级主管部门。

6.2 交通事故。

6.2.1 发生交通事故时，事故单位负责人要以最快捷方式通知上级主管部门，通知内容包括：时间、地点、伤害原因、伤害人数、伤害程度等。

6.2.2 上级主管部门接到报告后须立即报告安全第一责任人及安全主管部门。

6.2.3 事故现场负责人必须以最快的速度，将伤员送至最近的医院抢救治疗，并在现场按要求摆放警示标志。

6.2.4 接到事故通知后，抢救组负责通知医院做好急救准备，并迅速赶到医院，办理住院手续，同时派人及时做好伤员家属的安抚工作。

6.2.5 安全主管部门负责事故调查和现场处置。

6.3 管线连接时，发生人员坠落、落物砸伤、榔头伤人。

6.3.1　受伤较轻时,现场受过急救培训的人员立即利用现场急救包,现场进行处理。

6.3.2　受伤较重时,现场负责人立即以最快捷方式通知上级主管部门,通知内容包括:时间、地点、伤害原因、伤害人数、伤害程度。

6.3.3　上级主管部门须立即报告安全第一责任人及安全主管部门。

6.3.4　事故现场负责人对受伤人员进行现场处理后,以最快速度,将伤员送至最近医院抢救治疗。

6.3.5　接到事故通知后,抢救组负责通知医院做好急救准备,办理住院手续,同时派人及时做好伤员及家属的安抚工作。

6.3.6　安全主管部门负责事故调查和现场处置。

6.4　试压时造成高、低压管线破裂,立即停止试压,更换破裂管线。

6.5　高压泵注。

6.5.1　高、低压管线破裂事故。

(1) 立刻紧急停泵。

(2) 酸化压裂队作业工立刻关闭井口与管汇车之间的旋塞阀。

(3) 作业工立即关闭井口阀门。

(4) 酸化压裂现场指挥安排更换高、低压管汇,并组织对现场进行清理。

(5) 由现场领导小组决定是否继续施工。

6.5.2　堵管柱或砂堵。

(1) 按现场施工工序要求降低排量,当压力超过设计最大值时,立即停泵。

(2) 开井放喷,至少放出一个管串容积液量,将井筒中浓砂(酸)液放出。

(3) 用基液试挤,如压力不超压,砂堵解除,可泵注一定量的冻胶液后继续加砂;如试挤压力快速上升,砂堵未解除,则停止试挤,用水或基液反循环洗井,直到洗通为止。

(4) 反循环洗井,出口管线必须用硬管线连接,返出物必须进罐(或排污池),现场安全员在罐口做有毒有害气体检测。

(5) 洗通或放通后,由现场领导小组根据具体情况决定是否继续施工。

6.5.3　井场着火。

(1) 立刻紧急熄火,停泵;混砂车操作工紧急熄火,停止供液。

(2) 酸化压裂队应急小分队,在现场总指挥指挥下用车载灭火器施救。

(3) 通知消防车进入现场施救。

(4) 未连接车辆,司机立即将车辆开至安全地点。

(5) 作业队立即组织人员抢关井口阀门(无保护器)。

(6) 酸化压裂队立即组织作业工抢关井口与管汇之间的旋塞阀。

(7) 酸化压裂队作业工从放压阀放压。

（8）各车司机、泵工配合卸开高压管线，在火情允许的情况下，将车辆开至安全地点。

（9）现场抢险组在总指挥的统一指挥下，配合消防队灭火。

（10）其余人员在现场总指挥的指挥下撤至安全集合点待命，并清点人数。

（11）现场负责人立即通知上级主管部门，并报告火情、地点、是否需要增援。

（12）上级主管部门立即通知第一责任人赶赴现场。

（13）安全主管部门赶赴现场处理事故。

（14）灭火中的注意事项：

① 灭火工作应采用"先控制，后灭火"的原则，防止火势蔓延和扩大。

② 现场救火人员必须在确保自身安全的情况下才能救火。

③ 火灾险情消除后，待安全人员检查现场，确认安全后，方可进行现场勘查工作。

酸化压裂施工技术员岗位操作技术规范

① 岗位任职条件

1.1 职业道德:有强烈的事业心,热爱石油事业,爱岗敬业,忠于本职工作,敢于负责,勇于开拓创新。

1.2 文化程度:具有中专及以上文化程度。

1.3 职业资格:具有助理工程师及以上工程、地质、机械专业或其他相关技术职务任职资格。

1.4 工作经历:从事生产技术管理工作一年以上。

1.5 相关知识,能力要求:

1.5.1 熟悉本部门相关法律、法规、制度及工作流程。

1.5.2 掌握采油工程、机械工程、流体工程的一般理论常识。

1.5.3 持有有效的井控证和 HSE 培训证。

1.5.4 掌握酸化压裂的基本原理及工艺过程。

1.5.5 掌握计算机常识,能看懂一般专业英语或计算机语言。

1.5.6 懂得酸化压裂设计基本原理及设计程序。

1.5.7 掌握酸化压裂使用管汇、管线、活动弯头规格及使用负荷,知道一根 4 in 低压胶管的最大流量,知道井身结构、各类压裂井口装置和承载负荷。

1.5.8 掌握酸化压裂所用各种车辆的基本工作原理和性能参数,知道一般试油作业工序,知道封隔器等井下工具的工作原理及用途。

1.5.9 懂得酸化压裂各种液体的性能和用途,能判断压裂液质量和支撑剂类型。

1.5.10 根据现场情况和现有管汇,组合高、低压管线,并达到技术标准。

1.5.11 掌握行政管理、生产管理、设备管理、经营管理、安全管理、工程技术专业知识及 QHSE 管理体系知识。

1.5.12 具有较强的组织协调能力,能根据酸化压裂施工要求组织全队完成生产任务。遇到施工中出现的问题能随机应变,处理得当,确保施工质量。

1.5.13 具有较强的语言文字表达能力和综合分析能力,指挥命令通俗易懂,能够编写施工总结报告和事故分析处理报告。

1.5.14 身体健康,能承担较繁重的工作任务。

② 岗位职责

2.1 认真贯彻执行酸化压裂技术规范、企业及行业标准、操作规程等规章制度,并监督检查执行情况。

2.2 参与制定本单位的工程技术规范、施工质量标准、施工流程及安全生产操作标准。

2.3 认真执行酸化压裂施工设计书及施工质量标准。

2.4 负责对参加施工的人员进行施工设计技术交底、安全交底和组织分工,提出安全注意事项和施工要求。

2.5 负责《酸化压裂 HSE 作业指导书》、《酸化压裂 HSE 作业计划书》的培训工作,落实各项应急措施。

2.6 参加本队 HSE 事故的调查、分析工作。

2.7 负责收集整理施工全部资料,确保资料录取全准率达到 100%。对资料进行分析和总结,编写《酸化压裂施工原始记录》,并及时上报上级主管部门。

2.8 负责推广和应用酸化压裂新工艺、新技术,提高施工水平,勇于创新,积极改进技术工作,并指导和帮助本单位职工的工作和学习,定期上技术课,提高职工的技术素质。

2.9 积极参加现场施工,解决实际问题,涉及重大质量和工艺问题时及时上报上级主管部门,并提供有关资料分析报告。

2.10 严格把好质量关,对酸化压裂施工中出现的不符合操作规程和质量要求的现象认真纠正,坚持质量第一的观念。

2.11 严格执行 QHSE 规章制度和本岗位安全技术操作规程,贯彻执行 QHSE 管理体系中相关要素规定的要求,在技术上负责本岗位质量、健康、安全、环保工作。

2.12 有权拒绝违反健康、安全与环境要求的各种指令,对施工过程中违反 HSE 管理要求的行为进行制止。

2.13 建立健全各种酸化压裂制度及其资料台帐,绘制酸化压裂施工流程图。

2.14 完成上级部门及领导交办的其他工作。

③ 岗位巡回检查

3.1 检查路线。

加砂(酸)压裂:井口→高压组件→高压管汇→压裂泵车→混砂车→砂罐→低压管汇→储液罐→仪表车。

酸化施工:井口→高压组件→高压管汇→压裂泵车→供液车→低压管汇→储液罐→仪表车。

3.2 检查项目及内容。

项目	检查内容
(1) 井口	(1) 施工井口型号及最高工作压力。 (2) 井口升高短节安装情况。 (3) 井口阀门开关情况、法兰螺栓是否齐全、上紧、上平。 (4) 井口地锚绷绳固定情况。 (5) 平衡管线及套管压力传感器安装情况。 (6) 井下压裂管柱结构、尺寸、深度及最小内径
(2) 高压组件	(1) 放喷管线固定情况。 (2) 放空高压三通及放空阀门开关情况。 (3) 压力传感器高压三通、单流阀是否垂直。 (4) 投球器工作情况。 (5) 高压组件连接顺序
(3) 高压管汇	(1) 各高压管线、弯头连接是否有缓冲余地。 (2) 各泵车高压旋塞阀的开关情况
(4) 压裂泵车	(1) 高低压管线连接情况。 (2) 各泵的准备情况。 (3) 各泵超压保护的设定
(5) 混砂车	(1) 进出口管线是否达标。 (2) 各系统的准备情况。 (3) 砂密度计开关情况。 (4) 交联剂泵的工作情况。 (5) 加砂斗的工作情况。 (6) 防静电接地线是否接好
(6) 砂罐	(1) 砂罐车举升情况。 (2) 有无倒换场地及空间。 (3) 各砂罐车的压裂砂质量、数量
(7) 低压管汇	(1) 4 in管线连接是否牢固、合理,根数是否满足供液要求。 (2) 各阀门开关情况
(8) 储液罐	(1) 储液罐区各大罐内液体类型和数量、有效用液量。 (2) 大罐上下扶梯是否牢固,罐上部敞开部位有无护栏。 (3) 酸液大罐口是否用塑料布密封。 (4) 交联剂等添加剂的准备情况。 (5) 酸罐有无滴漏,标液管是否完好

续表

项 目	检 查 内 容
(9)仪表车	(1)各仪表系统工作是否正常。 (2)超压保护是否设定。 (3)各岗位通讯是否畅通。 (4)各显示屏显示情况。 (5)压力、排量、砂比各参数是否校验

④ 岗位操作技术规范

4.1　出车前的准备。

4.1.1　熟知单井施工作业内容、施工程序,出车前做好设备和人员的安排。

4.1.2　施工前做好单井施工应急预案并由队长审核。

4.1.3　施工前做好单井施工作业计划书并由队长审核。

4.1.4　带好施工设计、各项记录、"两书一表"及客户反馈意见表。

4.2　施工前的准备。

4.2.1　穿戴好劳动保护用品。

4.2.2　依据现场实际情况,合理摆放和连接设备,满足施工设计要求。

4.2.3　依据设计和安全操作规程,组织和负责施工设备及高、低压管线的连接。

4.2.4　检查现场液体和其他入井材料的数量和质量,填写施工原始记录表。

4.2.5　通过作业队技术员确认井下压裂管柱结构、封隔器型号及深度。

4.2.6　启泵前,对施工要害部位按 HSE 现场检查表逐项检查并签字确认。

4.3　现场施工。

4.3.1　组织召开施工前的安全、技术交底会。

4.3.2　明确各岗位职责并进行分工。

4.3.3　检查施工设备的准备情况和通讯系统,在一切正常的情况下发出施工指令。

4.3.4　严格按照施工设计要求完成各工序工作内容。

4.3.5　施工中随时掌握设备运转动态。

4.3.6　施工中随时掌握液体和支撑剂的使用情况、大罐液面下降情况、交联情况等关键问题。

4.3.7　施工中及时向各岗位通报施工动态,如:排量、液量、砂量、油套压等关键数据。

4.3.8　施工中地面设备或管线出现异常,在不影响正常施工的前提下整改,否则实施紧急预案采取停泵放压整改措施,在短期内恢复正常施工。

4.3.9　施工中出现砂堵、油套压突变等异常情况时,立即采取相应的处理措施,在确保安全的前提下征求上级业务主管部门的处理意见。现场监督或上级业务主管部门技术人员提出更改指令时,要做到指令有文字记录和签名。

4.3.10 施工期间积极做好与上级业务主管部门现场有关领导及技术人员的沟通工作。

4.4 一般操作程序。

4.4.1 循环试压。

4.4.1.1 循环前必须对整个施工流程上的各种阀件进行检查。

4.4.1.2 循环所用液体应排放到专门的储液罐或指定位置。

4.4.1.3 试压前,应排空设备及高、低压管线内的空气。

4.4.1.4 试压值以施工设计为准,试压时保持 5 min 不刺不漏为合格。

4.4.2 加砂(酸)压裂施工。

4.4.2.1 严格按施工设计泵注程序进行施工。

4.4.2.2 泵注压井液或低替基液。根据注入方式的不同,将压井液或基液充满油管或井筒内。当施工使用水力扩张或水力压缩式封隔器时,应严格控制替液排量,避免封隔器提前坐封。

4.4.2.3 泵注前垫液。此阶段主要是预造缝,冷却和预处理地层。

4.4.2.4 泵注前置液。此阶段主要是造缝,应尽快提高排量,达到设计值,并保持稳定。该阶段应对前置液取样监控,检查液体成胶情况,保证施工质量。

4.4.2.5 泵注携砂(酸)液。按设计程序要求,用选定的混砂车加砂(酸)模式进行阶段加砂(酸)。此阶段应密切监视携砂液密度或加砂比,及时调整加砂(酸)速度,定时对携砂(酸)液进行取样监控。

4.4.2.6 注意加砂(酸)时的压力变化,若有裂缝脱砂迹象,应及时停泵处理。

4.4.2.7 泵注顶替液。当砂浓度降到一定值时开始计顶替液,顶替一定要适量。顶替阶段要保证高浓度砂(酸)顺利进入裂缝。

4.4.2.8 在整个施工泵注过程中要控制油压和平衡压力之差在封隔器承压范围之内。高压泵注排量应稳定在设计规定范围内。

4.4.2.9 压裂结束后,按设计要求记录压力降落。

4.4.3 酸化施工。

4.4.3.1 低压替酸。用酸液或前置液充满井内油管。在此过程中,一般应严格控制替液排量和替入量。

4.4.3.2 启动封隔器。低替完成后,应及时启动封隔器,密封油套环形空间。一旦封隔器坐封,快速关闭套管闸门,并根据油管压力的上升情况建立平衡压力。

4.4.3.3 高压注酸。在整个施工泵注过程中要尽可能地维持油压和平衡压力之差在封隔器承压范围之内。高压泵注排量应稳定在设计规定范围内。

4.4.3.4 泵注顶替液。应当严格按照设计要求注入顶替液。

4.4.3.5 按设计要求记录酸化施工后的压力降落。

4.5 施工结束。

4.5.1 施工结束后,下指令停泵,测压后关闭井口总阀门,打开放空阀泄压。

4.5.2 组织好施工收尾工作,做好施工资料的整理上报。

4.5.3 在现场征求上级业务主管部门技术人员意见,并填写施工评价表。

4.6 资料录取要求。

4.6.1 加砂(酸)压裂资料录取要求。

4.6.1.1 施工曲线。施工曲线应包括:油压、套压、砂(酸)液排量、砂浓度、累计液量、累计砂(酸)量、交联液排量、砂浓度等参数随时间变化的曲线。

4.6.1.2 施工数据。施工数据用计标机每秒钟记录一次,其内容包括:油压、套压、砂(酸)排量、砂浓度、砂(酸)累计量、砂(酸)累计液量、液体添加剂排量、液体累计液量、干粉添加剂排量、干粉累计量等。

4.6.2 酸化资料录取要求。

4.6.2.1 施工曲线。施工曲线应包括:油压、套压、排量、累计液量、砂浓度等参数随时间变化的曲线。

4.6.2.2 施工数据。施工数据用计算机每秒钟记录一次或每分钟一次,其内容包括:油压、套压、排量、累计液量等。

4.6.3 录取液体性能参数。

4.6.4 录取支撑剂性能参数。

⑤ 风险提示及控制措施

工作内容	风险提示	产生的原因	控制措施
施工准备及回厂检查	人员伤害、设备隐患影响施工质量	岗位责任心不强,巡回检查不到位	(1) 各岗位严格执行《岗位操作技术规范》和《设备安全技术操作规程》。 (2) 施工前必须召开技术、安全交底和分工会议,明确施工指挥者、主操作手和其他岗位负责人,了解施工程序、施工参数、技术要求和安全注意事项
管线连接与拆卸	人员坠落、落物砸伤、意外伤害、设备损坏	岗位责任心不强,违章操作	遵守《酸化压裂施工安全管理规定》和《设备安全技术操作规程》
循环	管线不畅通发生爆裂、人员受伤、设备损坏	岗位责任心不强,违章操作	连接前必须检查管线通畅情况,循环时将闸门开启;设定超压保护

工作内容	风险提示	产生的原因	控制措施
试压	高、低压管线破裂	未按规定进行高压管汇的检测	(1) 执行《高压管汇管理规定》，各泵车按施工要求设置超压保护。 (2) 试压值以施工设计为准，试压时保持5 min不刺不漏为合格
泵注过程	堵管柱或砂堵	人员误操作，设备故障	(1) 按设计和现场指挥要求施工；所有岗位人员必须听从施工指挥一人发出的指令。 (2) 维护好设备
	酸蚀	酸液飞溅、罐阀门或管线腐蚀	(1) 定期对高、低压管汇进行检测，保证无刺漏。 (2) 所有施工人员应严格按规定穿戴好劳动保护用品
	井场着火	油基压裂液施工过程中，泵送系统泄漏	(1) 油基压裂时高压检测中心要对管汇进行检测，以保证无刺漏。 (2) 严禁烟火，地面消防设施必须完好齐全
	听力损伤	未正确使用劳动保护用品	施工现场佩戴防噪音耳塞或对讲机
	源辐射	源泄漏、辐射	加入防护屏障，非工作人员远离放射源，工作人员连接数据线后快速撤离。施工完毕后及时关闭放射源闸板
	井口、高压管线刺漏伤人	无安全标识	(1) 必须有安全警告牌、警示带和风向标。 (2) 明确发生故障和危险的紧急措施及安全撤离路线。 (3) 非岗位操作人员，一律不允许进入高压区
施工结束	现场遗留废弃物	环境污染	(1) 生活垃圾和工业垃圾集中收藏，施工残液按上级主管部门技术人员指定地点排放。 (2) 如施工过程中发生液体刺漏或油料泄漏，应采取措施妥善处理，避免发生污染事故

⑥ 施工过程中风险应急处理的一般措施

主要概述施工过程中发生危险情况时，施工人员应迅速做出应急反应，以及处理风险的一般措施。

6.1 酸蚀。

6.1.1 发生人员被酸灼伤时，立即将被灼伤人员带领到清水和苏打水摆放处，用清水和苏打水清洗被灼伤人员的受伤处。

6.1.2 现场发现人员受伤立即向施工现场负责人报告。

6.1.3 现场负责人安排车辆将受伤人员送往就近医院治疗,并报上级主管部门。

6.2 交通事故。

6.2.1 发生交通事故,事故单位负责人应以最快捷方式通知上级主管部门,通知内容包括:时间、地点、伤害原因、伤害人数、伤害程度等。

6.2.2 上级主管部门接到报告后须立即报告安全第一责任人及安全主管部门。

6.2.3 事故现场负责人必须以最快的速度,将伤员送至最近的医院抢救治疗,并在现场按要求摆放警示标志。

6.2.4 接到事故通知后,抢救组负责通知医院做好急救准备,迅速赶到医院,办理住院手续,同时派人及时做好伤员家属的安抚工作。

6.2.5 安全主管部门负责事故调查和现场处置。

6.3 管线连接时,发生人员坠落、落物砸伤、榔头伤人。

6.3.1 受伤较轻时,现场受过急救培训的人员立即利用现场急救包,现场进行处理。

6.3.2 受伤较重时,现场负责人立即以最快捷方式通知上级主管部门,通知内容包括:时间、地点、伤害原因、伤害人数、伤害程度。

6.3.3 上级主管部门须立即报告安全第一责任人及安全主管部门。

6.3.4 事故现场负责人对受伤人员进行现场处理后,以最快速度将伤员送至最近医院抢救治疗。

6.3.5 接到事故通知后,抢救组负责通知医院做好急救准备,办理住院手续,同时派人及时做好伤员家属的安抚工作。

6.3.6 安全主管部门负责事故调查和现场处置。

6.4 试压时造成高、低压管线破裂时,立即停止试压,更换破裂管线。

6.5 高压泵注。

6.5.1 高、低压管线破裂事故。

(1)立刻紧急停泵。

(2)压裂作业工立刻关闭井口与管汇车之间的旋塞阀。

(3)作业工立即关闭井口阀门。

(4)压裂现场指挥安排更换高、低压管汇,并组织对现场进行清理。

(5)由现场领导小组决定是否继续施工。

6.5.2 堵管柱或砂堵。

(1)按现场施工工序要求降低排量,当压力接近施工限制最大值时,立即停泵。

(2)开井放喷,至少放出一个管串容积液量,将井筒中浓砂液放出。

（3）用基液试挤，如压力不超压，砂堵解除，可泵注一定量的冻胶液后继续加砂；如试挤压力快速上升，砂堵未解除，则停止试挤，用水或基液反循环洗井，直到洗通为止。

（4）反循环洗井，出口管线必须用硬管线连接，返出物必须进罐，现场安全员在罐口做有毒有害气体检测。

（5）洗通或放通后，由现场领导小组根据具体情况决定是否继续施工。

6.5.3　井场着火。

（1）立刻紧急熄火，停泵；混砂车操作工紧急熄火，停止供液。

（2）现场应急小分队在现场总指挥指挥下用车载灭火器施救。

（3）通知消防车进入现场施救。

（4）未连接管线的车辆司机立即将车辆开至安全地点。

（5）作业队立即组织人员抢关井口阀门（无保护器）。

（6）压裂队立即组织作业工抢关井口与管汇之间的旋塞阀。

（7）压裂队作业工从放压阀放压。

（8）各车司机、泵工配合砸开高压管线，在火情允许的情况下，将车辆开至安全地点。

（9）现场抢险组在总指挥的统一指挥下，配合消防队灭火。

（10）其余人员在现场总指挥的指挥下撤至安全集合点待命，并清点人数。

（11）现场负责人立即通知上级主管部门，并报告火情、地点、是否需要增援。

（12）上级主管部门立即通知第一责任人赶赴现场。

（13）安全主管部门赶赴现场处理事故。

（14）灭火中的注意事项：

① 灭火工作应采用"先控制，后灭火"的原则，防止火势蔓延和扩大。

② 现场救火人员必须在确保自身安全的情况下才能救火。

③ 火灾险情消除后，待安全人员检查现场，确认安全后，方可进行现场勘查工作。

酸化压裂配液技术员岗位操作技术规范

①岗位任职条件

1.1　职业道德:有强烈的事业心,热爱石油事业,爱岗敬业,忠于本职工作,敢于负责,勇于开拓创新。

1.2　文化程度:具有中专及以上文化程度。

1.3　职业资格:具有助理工程师及以上专业技术职务任职资格。

1.4　工作经历:从事配液技术管理工作一年以上。

1.5　相关知识、能力要求:

1.5.1　了解石油地质、应用化学等学科的基础理论知识。

1.5.2　掌握本单位生产流程,熟悉各岗位安全操作规程。

1.5.3　持有有效的井控证和 HSE 培训证。

1.5.4　有较强的综合分析能力和判断能力,能处理配液中出现的一般问题,监督检查配液质量。

1.5.5　有较强的组织能力和协调能力,能充分调动广大职工的工作积极性,协调好各岗位之间的生产关系,使液体配制任务顺利进行。

1.5.6　有一定的语言文字表达能力,对上级文件精神能准确传达,做好各项基础资料记录。

1.5.7　身体健康,能承担较繁重的工作任务。

②岗位职责

2.1　认真贯彻执行国家和本行业的技术政策,严格执行各项技术标准和操作规程。

2.2　协助领导搞好安全生产,开展好岗位练兵,提高职工的配液操作技能。

2.3　针对配液工作特点,不定期地进行职工培训和技术学习。

2.4　监督检查原材料进货质量,保证所使用的化工料与施工设计用料相符。

2.5　严格把好质量关,按施工设计要求保质保量地配制各种措施液。对配液过程中出现的不符合操作规程和质量要求的现象要认真纠正,对生产过程中出现的涉及重大质量问题要及时上报有关部门。

2.6　做好计量器具的管理工作,定期检定计量器具。

2.7　检查督促实施各项标准执行情况,使配液生产规范化、标准化、系统化。

2.8 了解并掌握QHSE管理体系要求,做好本岗位的QHSE管理工作,并搞好相应的QHSE资料管理。

2.9 完成上级部门及领导交办的其他各项工作任务。

③ 岗位巡回检查

3.1 检查路线。

储液罐→配液车→配液器及管线、配件→化学添加剂→配液质量报告。

3.2 检查项目及内容。

项目	检查内容
(1) 储液罐	(1) 储液罐的闸阀应开关灵活,密封性能良好,连接口固定牢靠。 (2) 各种储液罐必须清洁,标位管透明畅通。 (3) 配液用水必须满足施工设计要求。 (4) 落实储液罐大小及数量。 (5) 大罐上下扶梯是否牢固,罐上部敞开部位有无护栏
(2) 配液车	(1) 发动机运转情况。 (2) 各系统的准备情况。 (3) 液压泵的工作情况
(3) 配液器及管线、配件	(1) 高压管线连接配液车高压出水端口和配液器。 (2) 低压管线连接配液器和压裂液罐。 (3) 低压管线转换阀门
(4) 化学添加剂	(1) 逐项检查校对运到井场的所有化学添加剂,要求数量齐全,包装完好,且必须有质量检验合格证书。 (2) 配制小样情况。 (3) 每罐应加入的化学添加剂的品种、数量
(5) 配液质量报告	(1) 吸入干粉添加剂所需时间。 (2) 添加完毕后搅拌或大排量循环时间。 (3) 各压裂液罐内基液粘度及pH值

④ 岗位操作技术规范

4.1 施工前准备。

4.1.1 井场的准备。

4.1.1.1 设备出发前,应对道路、井场进行勘察。

4.1.1.2 井场公路的路基、宽度、地面等必须满足施工设备的最低通行要求。

4.1.1.3 井场场面必须平整,压实厚度不得低于260 mm。

4.1.1.4 井场面积应依据施工设计进行准备。

4.1.1.5 储液罐的罐基必须平整并能承载大于储液罐盛液后的重力,罐基应高于地面 30 cm 以上,罐基后部应高于前部 10 cm。

4.1.1.6 各种储液罐的闸阀应开关灵活,密封性能良好,连接口固定牢靠。

4.1.1.7 各种储液罐必须清洁,标位管透明畅通。

4.1.1.8 罐群应集中放置,以减少供液管线长度。

4.1.1.9 施工时所用发电机的功率必须按施工设计准备。

4.1.1.10 施工时所用发电机及电器设备应远离井口和废液池。

4.1.1.11 施工时所有电路、电器设备应由专业电工安装,发电机应保持接地良好,保证用电安全。

4.1.2 配液前准备。

4.1.2.1 设备准备,推荐设备组合见下表。

名称	规格	单位	数量	承受压力/MPa	备注
压裂液罐	卧式储液罐	个	1～20	0.5	根据配制压裂液的数量确定
配液车	400 型或 700 型压裂车	辆	1	70	
配液器	真空吸入配液喷射器	个	1	0.1	
配液车上水管线	101.6 mm 胶管内衬钢丝≥4 m 端口尺寸 101.6 mm	根	1	0.5	
配液车出水管线	50.8 mm 高压管线	根	1	40	
配液器出水管线	63.5 mm 胶管(内衬钢丝)长度≥15 m	根	2	0.5	
干粉吸入管	25.4 mm 胶管长度≥2 m	根	1	0.1	
液体吸入管	25.4 胶管长度≥10 m	根	1	0.1	
管线	152.4 mm(即 6 in)	根	4	0.5	
管线	304.8 mm(即 12 in)	根	4	0.5	分配器大小的确定须综合考虑罐群距离、液体粘度、泵注排量等
分配器	304.8 mm	个	1	0.5	
蝶阀	101.6 mm	个	4	0.5	
蝶阀	152.4 mm	个	8	0.5	
漏斗	上口 Φ560 mm,下口 Φ38 mm,高 560 mm	个	1	—	
滤网	Φ550 mm/10 目	个	1	—	

4.1.3 配液准备。

4.1.3.1 安装压裂液罐,要求整齐稳固,并连接 152.4 mm、304.8 mm 管线及

304.8 mm分配器。

4.1.3.2　清洗压裂液罐和 152.4 mm、304.8 mm 管线及 304.8 mm 分配器。

4.1.3.3　按施工设计配液量要求,向压裂液罐内泵入所需清水。配液用水必须满足施工设计要求。

4.1.3.4　用清水对地面管线及分配器连接端试压,压力值为 0.5 MPa,稳压 10 min 无泄漏为合格。

4.1.3.5　连接配液车的 101.6 mm 上水管线与 304.8 mm 分配器上的 101.6 mm 蝶阀。

4.1.3.6　用 50.8 mm 高压管线连接配液车高压出水端口和配液器。

4.1.3.7　用 63.5 mm 低压管线连接配液器和压裂液罐。

4.1.3.8　用清水对配液管线试压,压力值为 0.5 MPa,稳压 10 min 无泄漏为合格。

4.1.3.9　启动配液车用清水清洗配液管线。

4.1.3.10　按施工设计要求逐项检查运到井场的所有化学添加剂,做到数量齐全,包装完好,且必须有质量检验合格证书。

4.1.3.11　用现场实际配液用水和化学添加剂按施工设计配方配制小样,化学添加剂应按随机方法取样。制成小样后现场实测主要性能并做好记录。将测试结果与实验室测得的结果进行对比,确认性能合格后才能进行大罐配制。

4.1.3.12　确定每罐应加入的化学添加剂的品种、数量。严格按照施工设计规定和配制程序配制。

4.2　配液要求。

4.2.1　配液操作应符合健康、安全及环境保护的要求。

4.2.2　用电设备的操作应安全。

4.2.3　严格执行施工设计及操作规程。

4.2.4　配液用水符合设计要求。

4.3　配液程序。

4.3.1　按施工设计中压裂液的配方要求向各压裂液罐真空吸入液体添加剂。

4.3.2　启动配液车,发动机转速不低于 1 700 r/min,喷射压力不低于 4.0 MPa,待运行平稳后,开始配液。

4.3.3　按施工设计中压裂液的配方要求,从漏斗添加各压裂液罐所需的干粉添加剂。

4.3.4　根据干粉添加剂的不同用量,均匀、平衡吸入,避免产生块、团状物,每个压裂液罐吸入干粉添加剂所需时间应控制在 15～20 min。

4.3.5　当压裂液罐吸入完毕后,启动搅拌器,依次序向各压裂液罐添加所需的添加剂,添加完毕后搅拌 10 min 或大排量循环 20 min。

4.3.6　待各压裂液罐内基液粘度升高后,从漏斗向各压裂液罐内添加所需的 pH 值调节剂。

4.3.7　配液过程应保持连续性。

4.3.8　停配液车,各压裂液罐搅拌 30 min,压裂液配制完毕。

4.3.9　填写现场配液质量报告单,按照标准执行。

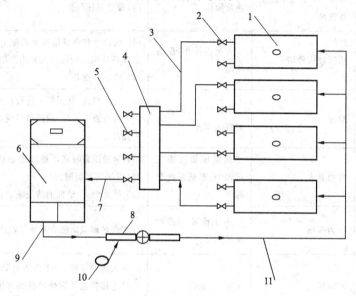

真空吸入压裂液配置流程示意图

1—压裂液罐;2—152.4 mm 蝶阀;3—152.4 mm 管线;4—304.8 mm 分配器及 304.8 mm 管线;

5—101.6 mm 蝶阀;6—配液车;7—101.6 mm 管线;8—喷射器及漏斗;

9—50.8 mm 高压管;10—塑料桶及 25.4 mm 吸入管线;11—63.5 mm 管线

⑤ 风险提示及控制措施

工作内容	风险提示	产生的原因	控制措施
施工准备及回厂检查	人员伤害、设备隐患影响施工质量	岗位责任心不强,巡回检查不到位	(1)各岗位严格执行《岗位操作技术规范》和《设备安全技术操作规程》。 (2)施工前必须召开技术、安全交底和分工会议,明确施工指挥者、主操作手和其他岗位负责人,了解施工程序、施工参数、技术要求和安全注意事项
管线连接与拆卸	人员坠落、落物砸伤、意外伤害、设备损坏	岗位责任心不强,违章操作	遵守《酸化压裂施工安全管理规定》和《设备安全技术操作规程》

工作内容	风险提示	产生的原因	控制措施
循环	管线不畅通发生爆裂、人员受伤、设备损坏	岗位责任心不强，违章操作	连接前检查管线通畅情况，循环时将闸门开启；设定超压保护
泵注过程	堵管柱或砂堵	人员误操作，设备故障	(1)按设计和现场指挥要求施工；所有岗位人员必须听从施工指挥一人发出的指令。 (2)维护好设备
	酸蚀	酸液飞溅、罐阀门或管线腐蚀	(1)定期对高、低压管汇进行检测，保证无刺漏。 (2)所有施工人员，应严格按规定穿戴好劳动保护用品
	井场着火	油基压裂液施工过程中，泵送系统泄漏	(1)油基压裂时高压检测中心要对管汇进行检测，以保证无刺漏。 (2)严禁烟火，地面消防设施必须完好齐全。
	听力损伤	未正确使用劳动保护用品	施工现场佩戴防噪音耳塞或对讲机
	源辐射	源泄漏、辐射	加入防护屏障，非工作人员远离放射源，工作人员连接数据线后快速撤离。施工完毕后及时关闭放射源闸板
	井口、高压管线刺漏伤人	无安全标识	(1)必须有安全警告牌、警示带和风向标。 (2)明确发生故障和危险的紧急措施，以及安全撤离路线。 (3)非岗位操作人员，一律不允许进入高压区
施工结束	现场遗留废弃物	环境污染	(1)生活垃圾和工业垃圾集中收藏，施工残液按上级主管部门技术人员指定地点排放。 (2)如施工过程中发生液体刺漏或油料泄漏，应采取措施妥善处理，避免发生污染事故

⑥ 施工过程中风险应急处理的一般措施

主要概述施工过程中发生危险情况时，施工人员应迅速做出应急反应，以及处理风险的一般措施。

6.1　酸蚀。

6.1.1　发生人员被酸灼伤时，立即将被灼伤人员带领到清水和苏打水摆放处，用清水和苏打水清洗被灼伤人员的受伤处。

6.1.2 同时现场发现人员受伤立即向施工现场负责人报告。

6.1.3 现场负责人安排车辆将受伤人员送往就近医院治疗,并报上级主管部门。

6.2 交通事故。

6.2.1 发生交通事故时,事故单位负责人应以最快捷方式通知上级主管部门,通知内容包括:时间、地点、伤害原因、伤害人数、伤害程度等。

6.2.2 上级主管部门接到报告后须立即报告安全第一责任人及安全主管部门。

6.2.3 事故现场负责人必须以最快的速度,将伤员送至最近的医院抢救治疗,并在现场按要求摆放警示标志。

6.2.4 接到事故通知后,抢救组负责通知医院做好急救准备,并迅速赶到医院,办理住院手续,同时派人及时做好伤员家属的安抚工作。

6.2.5 安全主管部门负责事故调查和现场处置。

6.3 管线连接时,发生人员坠落、落物砸伤、榔头伤人。

6.3.1 受伤较轻时,现场受过急救培训的人员立即利用现场急救包,现场进行处理。

6.3.2 受伤较重时,现场负责人立即以最快捷方式通知上级主管部门,通知内容包括:时间、地点、伤害原因、伤害人数、伤害程度。

6.3.3 上级主管部门须立即报告安全第一责任人及安全主管部门。

6.3.4 事故现场负责人对受伤人员进行现场处理后,以最快速度将伤员送至最近医院抢救治疗。

6.3.5 接到事故通知后,抢救组负责通知医院做好急救准备,办理住院手续,同时派人及时做好伤员家属的安抚工作。

6.3.6 安全主管部门负责事故调查和现场处置。

6.4 试压时造成高、低压管线破裂,立即停止试压,更换破裂管线。

6.5 高压泵注。

6.5.1 高、低压管线破裂事故。

(1)立刻紧急停泵。

(2)酸化压裂作业工立刻关闭井口与管汇车之间的旋塞阀。

(3)作业工立即关闭井口总闸门。

(4)酸化压裂现场指挥安排更换高、低压管汇,并组织对现场进行清理。

(5)由现场领导小组决定是否继续施工。

6.5.2 堵管柱或砂堵。

(1)按现场施工工序要求降低排量,当压力超过设计最大值时,立即停泵。

(2)开井放喷,至少放出一个管串容积液量,将井筒内浓砂液放出。

(3)用基液试挤,如压力不超压,砂堵解除,可泵注一定量的冻胶液后继续加砂;如试挤压力快速上升,砂堵未解除,则停止试挤,用水或基液反循环洗井,直到洗通为止。

（4）反循环洗井,出口管线必须用硬管线连接,返出物必须进罐,现场安全员在罐口做有毒有害气体检测。

（5）洗通或放通后,由现场领导小组根据具体情况决定是否继续施工。

6.5.3　井场着火。

（1）立刻紧急熄火,停泵;混砂车操作工紧急熄火,停止供液。

（2）现场应急小分队,在现场总指挥指挥下用车载灭火器施救。

（3）通知消防车进入现场施救。

（4）未连接管线的车辆司机立即将车辆开至安全地点。

（5）作业队立即组织人员抢关井口阀门(无保护器)。

（6）酸化压裂队立即组织作业工抢关井口与管汇之间的旋塞阀。

（7）酸化压裂队作业工从放压阀放压。

（8）各车司机、泵工配合砸开高压管线,在火情允许的情况下,将车辆开至安全地点。

（9）现场抢险组在总指挥的统一指挥下,配合消防队灭火。

（10）其余人员在现场总指挥的指挥下撤至安全集合点待命,并清点人数。

（11）现场负责人立即通知上级主管部门,并报告火情、地点、是否需要增援。

（12）上级主管部门立即通知第一责任人赶赴现场。

（13）安全主管部门赶赴现场处理事故。

（14）灭火中的注意事项:

① 灭火工作应采用"先控制,后灭火"的原则,防止火势蔓延和扩大。

② 现场救火人员必须在确保自身安全的情况下才能救火。

③ 火灾险情消除后,待安全人员检查现场,确认安全后,方可进行现场勘查工作。

酸化压裂队 HSE 监督员岗位操作技术规范

① 岗位任职条件

1.1 职业道德:有强烈的事业心和主人翁精神,为石油工业振兴努力工作。

1.2 文化程度:具有采油、机械工程类中专以上文化程度。

1.3 职业资格:具有工程技术类助理工程师及以上专业技术任职资格。

1.4 工作经历:从事酸化压裂现场生产技术工作两年以上。

1.5 相关知识,能力要求:

1.5.1 较系统地掌握采油工程、机械工程等基础理论知识及基本方法,掌握酸化压裂施工工序和施工工艺。

1.5.2 具有一定的综合分析能力和判断能力,能预防和及时处理酸化压裂施工中出现的安全问题,保证施工人员及设备安全。

1.5.3 能发现和解决酸化压裂施工现场安全问题,正确分析施工动态,熟练分析说明事故原因,积极指导施工人员参加安全工作和 HSE 学习。

1.5.4 持有有效的井控证和 HSE 培训证。

1.5.5 具有一定的工作能力,施工到现场,把好生产安全关。

1.5.6 身体健康,能承担较繁重的工作任务。

② 岗位职责

2.1 执行单位健康、安全与环境管理的制度,结合实际制定本队 HSE 管理制度。

2.2 负责编写健康、安全与环境保护的工作计划,经 HSE 领导小组讨论后,组织实施。

2.3 负责贯彻执行有关 HSE 管理的方针、目标,监督 HSE 管理体系的运行和执行情况。

2.4 负责制定安全生产规章制度、安全生产奖惩规章制度,经安全领导小组讨论后,组织实施。

2.5 组织施工前的风险评估和识别,编制风险控制或削减措施,编制重点井的施工应急预案。

2.6 随时深入现场,组织定期或不定期的检查,了解各基层队的 HSE 落实情况,发现危及职工健康、安全与环境方面的事故隐患,及时组织整改,并有权责令停工,立即报告领导处理。

2.7 负责对现场进行 HSE 检查,监督员工正确穿戴劳动保护用品,并负责监督到达井场的上级有关人员穿戴劳动保护用品情况,回答有关专家提出的问题,介绍作业现场的 HSE 运行现状。

2.8 负责设备安装质量的监督,做好特殊作业的设备和安全防护设施的检查,确保作业环境符合安全规定。

2.9 负责现场消防器材、安全标志牌的管理。

2.10 负责对关键设备(管汇吊)和危险点源(安全阀、电路、井口等)进行检查、整改。

2.11 负责交通安全的内部管理,对驾驶员进行教育,并参与对交通事故的调查、分析、上报和处理工作。

2.12 负责对入厂新工人和转岗工人的 HSE 教育培训,经考核合格后新工人和转岗工人方可准许上岗。

2.13 发生一般性事故,立即汇报,组织处理;发生重大事故,保护好现场,配合上级有关部门进行调查处理,并上交事故报告。

2.14 完成上级部门及领导交给的其他任务。

(3) 岗位巡回检查

3.1 检查路线。

加砂(酸)压裂:井口→高压组件→高压管汇→压裂泵车→混砂车→砂罐→低压管汇→储液罐→仪表车→整个施工现场。

酸化施工:井口→高压组件→高压管汇→压裂泵车→供液车→低压管汇→储液罐→仪表车→整个施工现场。

3.2 检查项目及内容。

项目	检查内容
(1) 井口	(1) 施工井口型号及最高工作压力。 (2) 井口升高短节安装情况。 (3) 井口阀门开关情况,法兰螺栓是否齐全、上紧、上平。 (4) 井口地锚绷绳固定情况。 (5) 平衡管线及套管压力传感器安装情况
(2) 高压组件	(1) 放喷管线固定情况。 (2) 放空高压三通及放空阀门开关情况。 (3) 压力传感器高压三通、单流阀是否垂直。 (4) 投球器工作情况

续表

项目	检查内容
(3) 高压管汇	(1) 各高压管线、弯头连接是否有缓冲余地。 (2) 各泵车高压旋塞阀的开关情况
(4) 压裂泵车	(1) 检查高、低压管线连接情况。 (2) 检查各泵车灭火器的准备情况。 (3) 大泵超压保护是否设定
(5) 混砂车	(1) 灭火系统的准备情况。 (2) 防静电接地线是否接好
(6) 砂罐	(1) 砂罐车起升上空有无线缆。 (2) 有无倒换场地及空间
(7) 低压管汇	(1) 4 in 管线连接是否牢固、合理。 (2) 各低压管汇阀门开关情况
(8) 储液罐	(1) 大罐上下扶梯是否牢固,罐上部敞开部位有无护栏。 (2) 酸液大罐口是否用塑料布密封。 (3) 酸罐闸门是否完好,标液管是否完好透明
(9) 仪表车	(1) 超压保护是否设定。 (2) 各岗位通讯畅通
(10) 整个施工现场	(1) 警示牌、警示带是否按规定设置。 (2) 各车灭火装置是否齐全、到位。 (3) 所有施工人员是否按规定穿戴劳保用品

④ 岗位操作技术规范

4.1　出车前的准备。

4.1.1　出车前开好班前会,规定行车速度和路线。

4.1.2　施工前做好单井施工应急预案并由有关领导审批。

4.2　环保要求。

4.2.1　对储液罐或设备内的残液,应按要求排放到指定地点。

4.2.2　如施工过程中发生液体刺漏或油料泄漏,应采取措施妥善处理,避免发生污染事故。

4.3　安全要求。

4.3.1　所有施工人员,应严格按规定穿戴好劳保用品。

4.3.2　施工前必须参加技术交底、安全交底和分工会议,明确施工指挥者、主操作手和其他岗位负责人,了解施工程序、施工参数、技术要求和安全注意事项。

4.3.3 施工期间,所有岗位人员必须听从施工总指挥一人发出的指令。

4.3.4 施工中非岗位操作人员,一律不允许进入高压区。

4.3.5 压裂车在超压控制时必须准确可靠,限压控制不可靠的设备不允许参加作业。

4.3.6 施工现场严禁烟火,地面消防设施必须完好齐全。

4.3.7 施工现场必须有安全警告牌和风向标。

4.3.8 明确发生故障和危险的紧急措施,以及安全撤离路线。

4.3.9 成立现场施工安全领导小组,负责对现场的一切事务进行处理。

4.3.10 启泵前,对施工要害部位按 HSE 现场检查表逐项检查并签字确认。

4.3.11 施工中地面设备出现异常,在不影响正常施工的前提下调整设备,否则实施紧急预案采取停泵放压,在短期内整改,尽快恢复正常施工。

4.3.12 施工中出现砂堵、油套压突变等异常情况时,立即采取相应的处理措施,在确保安全的前提下征求上级主管部门现场技术人员处理意见。上级主管部门现场技术人员提出更改指令时,要做到指令有文字记录和签名。

⑤ 风险提示及控制措施

工作内容	风险提示	产生的原因	控制措施
施工准备及回厂检查	人员伤害、设备隐患影响施工质量	岗位责任心不强,巡回检查不到位	(1) 各岗位严格执行《岗位操作技术规范》和《设备安全技术操作规程》。 (2) 施工前必须参加技术、安全交底和分工会议,明确施工指挥者、主操作手和其他岗位负责人,了解施工程序、施工参数、技术要求和安全注意事项
管线连接与拆卸	人员坠落、落物砸伤、意外伤害、设备损坏	岗位责任心不强,违章操作	遵守《酸化压裂施工安全管理规定》和《设备安全技术操作规程》
循环	管线不畅通发生爆裂、人员受伤、设备损坏	岗位责任心不强,违章操作	连接前检查管线通畅情况,循环时将闸门开启;设定超压保护
试压	高、低压管线破裂	未按规定进行高压管汇的检测	(1) 执行《高压管汇管理规定》,各泵车按施工要求设置超压保护。 (2) 试压值以施工设计为准,试压时保持5 min不刺不漏为合格

续表

工作内容	风险提示	产生的原因	控制措施
泵注过程	堵管柱或砂堵	人员误操作,设备故障	按设计和现场指挥要求施工;所有岗位人员必须听从施工指挥一人发出的指令;维护好设备
	酸蚀	酸液飞溅、罐阀门或管线腐蚀	(1) 定期对高、低压管汇进行检测,保证无刺漏。 (2) 所有施工人员,应严格按规定穿戴好劳动保护用品
	井场着火	油基压裂液施工过程泵送系统发生泄漏	(1) 油基压裂时高压检测中心要对管汇进行检测,以保证无刺漏。 (2) 严禁烟火,地面消防设施必须完好齐全
	听力损伤	未正确使用劳动保护用品	施工现场佩戴防噪音耳塞或对讲机
	源辐射	源泄漏、辐射	加入防护屏障,非工作人员远离放射源,工作人员连接数据线后快速撤离。施工完毕后及时关闭放射源闸板
	井口、高压管线刺漏伤人	无安全标识	(1) 必须有安全警告牌、警示带和风向标。 (2) 明确发生故障和危险的紧急措施,以及安全撤离路线。 (3) 非岗位操作人员,一律不允许进入高压区
施工结束	现场遗留废弃物	环境污染	(1) 生活垃圾和工业垃圾集中收藏,施工残液按上级主管部门技术人员指定地点排放。 (2) 如施工过程中发生液体刺漏或油料泄漏,应采取措施妥善处理,避免发生污染事故

⑥ 施工过程中风险应急处理的一般措施

主要概述施工过程中发生危险情况时,施工人员应迅速做出应急反应,以及处理风险的一般措施。

6.1 酸蚀。

6.1.1 发生人员被酸灼伤时,现场发现人员立即将被灼伤人员带领到清水和苏打水摆放处,用清水和苏打水清洗被灼伤人员的受伤处。

6.1.2 现场发现人员受伤立即向施工现场负责人报告。

6.1.3 现场负责人安排车辆将受伤人员送往就近医院治疗,并报上级主管部门。

6.2 交通事故。

6.2.1 发生交通事故时,事故单位负责人应以最快捷方式通知上级主管部门,通知内容包括:时间、地点、伤害原因、伤害人数、伤害程度等。

6.2.2 上级主管部门接到报告后须立即报告第一责任人及安全主管部门。

6.2.3 事故现场负责人,必须以最快的速度将伤员送至最近的医院抢救治疗,并在现场按要求摆放警示标志。

6.2.4 接到事故通知后,抢救组负责通知医院做好急救准备,迅速赶到医院,办理住院手续,同时派人及时做好伤员家属的安抚工作。

6.2.5 安全主管部门负责事故调查和现场处置。

6.3 管线连接时,发生人员坠落、落物砸伤、榔头伤人。

6.3.1 受伤较轻时,现场受过急救培训的人员立即利用现场急救包,现场进行处理。

6.3.2 受伤较重时,压裂现场负责人立即以最快捷方式通知上级主管部门,通知内容包括:时间、地点、伤害原因、伤害人数、伤害程度。

6.3.3 上级主管部门须立即报告第一责任人及安全主管部门。

6.3.4 事故现场负责人对受伤人员进行现场处理后,以最快速度将伤员送至最近医院抢救治疗。

6.3.5 接到事故通知后,抢救组负责通知医院做好急救准备,办理住院手续,同时派人及时做好伤员家属的安抚工作。

6.3.6 安全主管部门负责事故调查和现场处置。

6.4 试压时造成高、低压管线破裂,立即停止试压,更换破裂管线。

6.5 高压泵注。

6.5.1 高、低压管线破裂事故。

(1)立刻紧急停泵。

(2)井口作业工立刻关闭井口与管汇车之间的旋塞阀。

(3)井口作业工立即关闭井口总闸门。

(4)酸化压裂现场指挥安排更换高、低压管汇,并组织对现场进行清理。

(5)由现场领导小组决定是否继续施工。

6.5.2 堵管柱或砂堵。

(1)按现场施工工序要求降低排量,当压力超过设计最大值时,立即停泵。

(2)开井放喷,至少放出一个管串容积液量,将井筒中浓砂液放出。

(3)用基液试挤,如压力不超压,砂堵解除,可泵注一定量的冻胶液后继续加砂;如试挤压力快速上升,砂堵未解除,则停止试挤,用水或基液反循环洗井,直到洗通为止。

(4)反循环洗井,出口管线必须用硬管线连接,返出物必须进罐,现场安全员在罐口做有毒有害气体检测。

(5) 洗通或放通后,由现场领导小组根据具体情况决定是否继续施工。

6.5.3 井场着火。

(1) 立刻紧急熄火,停泵;混砂车操作工紧急熄火,停止供液。

(2) 酸化压裂队应急小分队在现场总指挥指挥下用车载灭火器施救。

(3) 通知消防车进入现场施救。

(4) 未连接管线的车辆司机立即将车辆开至安全地点。

(5) 作业队立即组织人员抢关井口阀门(无保护器)。

(6) 酸化压裂队立即组织作业工抢关井口与管汇之间的旋塞阀。

(7) 酸化压裂队作业工从放压阀放压。

(8) 各车司机、泵工配合砸开高压管线,在火情允许的情况下,将车辆开至安全地点。

(9) 现场抢险组在现场总指挥的统一指挥下,配合消防队灭火。

(10) 其余人员在现场总指挥的指挥下撤至安全集合点待命,并清点人数。

(11) 现场负责人立即通知上级主管部门,并报告火情、地点、是否需要增援。

(12) 上级主管部门立即通知第一责任人赶赴现场。

(13) 安全主管部门赶赴现场处理事故。

(14) 灭火中的注意事项:

① 灭火工作应采用"先控制,后灭火"的原则,防止火势蔓延和扩大。

② 现场救火人员必须在确保自身安全的情况下才能救火。

③ 火灾险情消除后,待安全人员检查现场,确认安全后,方可进行现场勘查工作。

酸化压裂仪表车计算机岗位操作技术规范

① 岗位任职条件

1.1　职业道德:热爱本职工作,有较强的事业心和责任感。

1.2　文化程度:具有中专及以上文化程度。

1.3　职业资格:具有技术员及以上仪表专业或其他相关专业技术职务任职资格。

1.4　工作经历:从事仪表技术管理工作一年以上。

1.5　相关知识、能力要求:

1.5.1　掌握计算机常识,能看懂一般专业英语或计算机语言。

1.5.2　掌握压裂、酸化的基本原理及工艺过程。

1.5.3　持有有效的井控证、HSE培训证和特殊工种操作证。

1.5.4　熟练使用计算机及其他附加设备。

1.5.5　身体健康,能承担较繁重的工作任务。

② 岗位职责

2.1　认真执行国家法规和企业有关操作规程及各项规章制度。

2.2　按要求对所管辖的计算机、仪器仪表、电气设备等进行定期的检查、保养及维修。

2.3　施工前要对所管辖的计算机设备、仪器仪表根据施工设计进行合理的配套准备,并确认计算机设备、仪器仪表工作正常。

2.4　在酸化、压裂施工中负责输入施工参数和井的基本数据。

2.5　在酸化、压裂施工中负责对施工资料的录取、整理、打印、保存并上交有关部门。

2.6　掌握与之有关的QHSE管理体系的内容,做好本岗的HSE工作。

③ 岗位巡回检查

3.1　检查路线。

连接数据传输线→检查仪器仪表电路连接情况→接通仪器工作电源→输入施工参数→发送到现场指挥人员或上级主管部门现场技术人员观察显示屏,显示实时数据→发送到上级主管部门现场技术人员及监督观察显示屏,显示实时曲线。

3.2　检查项目及内容。

项目	检查内容
(1) 连接数据传输线	(1) 连接工作(网络)数据传输线:一端接混砂车信号输出端,另一端接仪表车信号输入端;或把所有泵车及混砂车与仪表车连接。 (2) 连接流量信号传输线:一端接混砂车排出管汇 8 in 涡轮流量计磁芯信号输出端,另一端接仪表车信号输入端。 (3) 连接油管压力信号传输线:一端接主管汇上压力传感器信号输出端,另一端接仪表车信号输入端。 (4) 连接套管压力信号传输线:安装好套压传感器。将线一端接压裂井口套管压力传感器信号输出端,另一端接仪表车信号输入端。某些井井口不能接套压传感器时,不必安装套压传感器和连接套管压力信号传输线。 (5) 连接井口、高压区视屏监控探头传输线
(2) 检查仪器仪表电路连接情况	(1) 现场作业分析工程师电脑电源电路连接情况。 (2) 工作站电源电路连接情况。 (3) 混砂车 OIP 控制电源电路连接情况。 (4) 压裂车 OIP 控制电源电路连接情况。 (5) 发电机电压,正常电压为 220 V±5 V(50 Hz)
(3) 接通仪器工作电源	(1) 接通 UPS 总电源:向上扳动 UPS 电源输入开关,3 个指示灯均变成绿色。约 10 s 后散热风扇开始转动。 (2) 接通数据采集系统电源:将采集板电源开关 UC POWER 扳到 ON 位置,指示灯变成绿色。 (3) 接通现场指挥观察显示电源:将红色按钮上端按下,按钮内置红色指示灯变亮,Job_Display 显示屏幕通电并自检。 (4) 接通上级主管部门现场技术人员监督观察显示屏电源:将红色按钮上端按下,按钮内置红色指示灯变亮。按下液晶显示器 POWER 触键开关,显示屏幕通电并自检。 (5) 启动主机:按下工作站主机电源启动按钮,启动仪表车主机
(4) 输入施工参数	(1) 按照《压裂(酸化)施工设计书》输入有关施工参数及数据;检查确认输入数据。 (2) 调校所采集的压力、排量、砂比〔或砂(酸)密度〕信号
(5) 发送到现场指挥或上级主管部门现场技术人员观察显示屏,显示实时数据	观察显示屏实时数据显示内容如下: 油管压力(MPa)、套管压力(MPa)、施工排量(m^3/min)、胶联剂排量(L/min)、砂浓度(kg/m^3)、加砂量(m^3)、阶段总液量(m^3)、胶联剂总液量(m^3)、施工总液量(m^3)
(6) 发送到上级主管部门现场技术人员监督观察显示屏,显示实时曲线	上级主管部门现场技术人员监督观察显示屏显示实时曲线显示内容如下: 油管压力(MPa)、套管压力(MPa)、油管排量(m^3/min)、砂浓度(kg/m^3)

④ 岗位操作技术规范

4.1　出车前准备。

4.1.1　进行车载各仪表试运行,确保仪表使用正常。

4.1.2　将施工所用的通讯设备进行充电,确保通讯设备灵敏好用。

4.1.3　对各传感器的信号输入进行校对,检查各类信号线。

4.1.4　根据施工设计配备好所需的附件及工具。

4.2　施工前准备。

4.2.1　操作人员工作前必须穿戴好劳动保护用品。

4.2.2　施工前协助仪表车司机观察进出井场路线。

4.2.3　将车停放在便于连接电缆线、远离危险区,且能观察到施工井口的位置。

4.2.4　发电机起动前做好仪表车的防漏电接地工作。

4.2.5　发电机平稳工作,输出电压平稳后方可打开用电设备。

4.2.6　当高、低压管线连接完毕后,按要求装好油压和套压的压力传感器,并连接其信号线。

4.2.7　按操作标准预热混砂车密度计,连接其信号输出线。

4.2.8　按施工排量要求连接相应吸入流量计及信号线。

4.2.9　按施工排量要求连接相应排出流量计及信号线。

4.2.10　对具有网络控制系统的只连接网络线和压力传感器信号线。

4.2.11　启动控制室各种仪器仪表,预热电路至正常工况状态。

4.2.12　根据施工设计输入施工井的施工参数和数据。

4.2.13　发送各显示屏,显示施工数据和曲线,通知现场指挥仪表准备就绪。

4.3　现场施工。

4.3.1　在施工指挥指令下开始计算机记录和显示工作,并按设计程序完成循环、试压、前置液、携砂(酸)液(处理液)、顶替等各施工阶段定义。

4.3.2　按施工监测要求对施工过程实时监控、监测,显示各种施工参数、施工曲线以及井口和高压区情况。

4.3.3　按施工资料录取要求用计算机记录施工数据及施工曲线,从循环试压开始一直到停泵测压结束。录取施工数据为每秒钟一次,其内容包括:油压、套压、排量、砂浓度、砂累计量、液体累计量等。施工曲线应包括:油压、套压、排量、砂浓度等。

4.4　施工结束后。

4.4.1　将各种信号电缆或网络电缆、压力传感器按要求收回存放。

4.4.2　按施工资料管理要求存档施工文件,整理打印上交施工报告或原始记录。按操作程序关闭室内仪器仪表、计算机和其他用电设备。

4.4.3 关闭发电机,收回接地线。

4.4.4 回场后对本岗位的设备进行维护保养及修理,有故障及时排除,严禁带故障出车,不能排除的及时向队里汇报。

⑤ 风险提示及控制措施

工作内容	风险提示	产生的原因	控制措施
施工准备及回厂检查	人员伤害、设备隐患影响施工质量	岗位责任心不强,巡回检查不到位	(1) 各岗位严格执行《岗位操作技术规范》和《设备安全技术操作规程》。 (2) 施工前必须参加技术、安全交底和分工会议,明确施工指挥者、主操作手和其他岗位负责人,了解施工程序、施工参数、技术要求和安全注意事项
管线连接与拆卸	人员坠落、落物砸伤、意外伤害、设备损坏	岗位责任心不强,违章操作	遵守《酸化压裂施工安全管理规定》和《设备安全技术操作规程》
循环	管线不畅通发生爆裂、人员受伤、设备损坏	岗位责任心不强,违章操作	连接前检查管线通畅情况,循环时将闸门开启;设定超压保护
试压	高、低压管线破裂	未按规定进行高压管汇的检测	(1) 执行《高压管汇管理规定》,各泵车按施工要求设置超压保护。 (2) 试压值以施工设计为准,试压时保持5 min不刺不漏为合格
泵注过程	堵管柱或砂堵	人员误操作,设备故障	(1) 按设计和现场指挥要求施工;所有岗位人员必须听从施工指挥一人发出的指令。 (2) 维护好设备
	酸蚀	酸液飞溅、罐阀门或管线腐蚀	(1) 定期对高、低压管汇进行检测,保证无刺漏。 (2) 所有施工人员,应严格按规定穿戴好劳动保护用品
	井场着火	油基压裂液施工过程中,泵送系统发生泄漏	(1) 油基压裂时高压检测中心要对管汇进行检测,以保证无刺漏。 (2) 严禁烟火,地面消防设施必须完好齐全
	听力损伤	未正确使用劳动保护用品	施工现场佩戴防噪音耳塞或对讲机

工作内容	风险提示	产生的原因	控制措施
泵注过程	源辐射	源泄漏、辐射	加入防护屏障，非工作人员远离放射源，工作人员连接数据线后快速撤离。施工完毕后及时关闭放射源闸板
	井口、高压管线刺漏伤人	无安全标识	(1) 必须有安全警告牌、警示带和风向标。 (2) 明确发生故障和危险的紧急措施，以及安全撤离路线。 (3) 非岗位操作人员，一律不允许进入高压区
施工结束	现场遗留废弃物	环境污染	(1) 生活垃圾和工业垃圾集中收藏，施工残液按上级主管部门技术人员指定地点排放。 (2) 如施工过程中发生液体刺漏或油料泄漏，应采取措施妥善处理，避免发生污染事故

6　施工过程中风险应急处理的一般措施

主要概述施工过程中发生危险情况时，施工人员应迅速做出应急反应，以及处理风险的一般措施。

6.1　酸蚀。

6.1.1　发生人员被酸灼伤时，立即将被灼伤人员带领到清水和苏打水摆放处，用清水和苏打水清洗被灼伤人员的受伤处。

6.1.2　现场发现人员受伤立即向施工现场负责人报告。

6.1.3　现场负责人安排车辆将受伤人员送往就近医院治疗，并报上级主管部门。

6.2　交通事故。

6.2.1　发生交通事故时，事故单位负责人应以最快捷方式通知上级主管部门，通知内容包括：时间、地点、伤害原因、伤害人数、伤害程度等。

6.2.2　上级主管部门接到报告后须立即报告安全第一责任人及安全主管部门。

6.2.3　事故现场负责人必须以最快的速度，将伤员送至最近的医院抢救治疗，并在现场按要求摆放警示标志。

6.2.4　接到事故通知后，抢救组负责通知医院做好急救准备，迅速赶到医院，办理住院手续，同时派人及时做好伤员家属的安抚工作。

6.2.5　安全主管部门负责事故调查和现场处置。

6.3　管线连接时，发生人员坠落、落物砸伤、榔头伤人。

6.3.1　受伤较轻时，现场受过急救培训的人员立即利用现场急救包，现场进行处理。

6.3.2 受伤较重时,压裂现场负责人立即以最快捷方式通知上级主管部门,通知内容包括:时间、地点、伤害原因、伤害人数、伤害程度。

6.3.3 上级主管部门须立即报告安全第一责任人及安全主管部门。

6.3.4 事故现场负责人对受伤人员进行现场处理后,以最快速度,将伤员送至最近医院抢救治疗。

6.3.5 接到事故通知后,抢救组负责通知医院做好急救准备,办理住院手续,同时派人及时做好伤员家属的安抚工作。

6.3.6 安全主管部门负责事故调查和现场处置。

6.4 试压时造成高、低压管线破裂,立即停止试压,更换破裂管线。

6.5 高压泵注。

6.5.1 高、低压管线破裂事故。

(1)立刻紧急停泵。

(2)井口作业工立刻关闭井口与管汇车之间的旋塞阀。

(3)酸化压裂队作业工立即关闭井口阀门。

(4)酸化压裂现场指挥安排更换高、低压管汇,并组织对现场进行清理。

(5)由现场领导小组决定是否继续施工。

6.5.2 堵管柱或砂堵。

(1)按现场施工工序要求降低排量,当压力超过设计最大值时,立即停泵。

(2)开井放喷,至少放出一个管串容积液量,将井筒中浓砂液放出。

(3)用基液试挤,如压力不超压,砂堵解除,可泵注一定量的冻胶液后继续加砂;如试挤压力快速上升,砂堵未解除,则停止试挤,用水或基液反循环洗井,直到洗通为止。

(4)反循环洗井,出口管线必须用硬管线连接,返出物必须进罐,现场安全员在罐口做有毒有害气体检测。

(5)洗通或放通后,由现场领导小组根据具体情况决定是否继续施工。

6.5.3 井场着火。

(1)立刻紧急熄火,停泵;混砂车操作工紧急熄火,停止供液。

(2)酸化压裂应急小分队在现场总指挥指挥下用车载灭火器施救。

(3)通知消防车进入现场施救。

(4)未连接管线的车辆司机立即将车辆开至安全地点。

(5)作业队立即组织人员抢关井口阀门(无保护器)。

(6)酸化压裂队立即组织作业工抢关井口与管汇之间的旋塞阀。

(7)酸化压裂队作业工从放压阀放压。

(8)各车司机、泵工配合砸开高压管线,在火情允许的情况下,将车辆开至安全地点。

(9)现场抢险组在现场总指挥的统一指挥下,配合消防队灭火。

（10）其余人员在现场总指挥的指挥下撤至安全集合点待命，并清点人数。

（11）现场负责人立即通知上级主管部门，并报告火情、地点、是否需要增援。

（12）上级主管部门立即通知第一责任人赶赴现场。

（13）安全主管部门赶赴现场处理事故。

（14）灭火中的注意事项：

① 灭火工作应采用"先控制，后灭火"的原则，防止火势蔓延和扩大。

② 现场救火人员必须在确保自身安全的情况下才能救火。

③ 火灾险情消除后，待安全人员检查现场，确认安全后，方可进行现场勘查工作。

酸化压裂仪表车操作工岗位操作技术规范

① 岗位任职条件

1.1 职业道德:热爱本职工作,有强烈的事业心和责任感。

1.2 文化程度:具有工程技术类中级及以上专业技术任职资格。

1.3 职业资格:具有初级工及以上机械、仪表专业任职资格。

1.4 工作经历:从事井下作业、酸化、压裂作业等工作一年以上或从事一线工作累计四年以上。

1.5 相关知识、能力要求:

1.5.1 懂得电子应用技术、电工学原理,掌握电子器件维护的基本知识。

1.5.2 知道电磁流量计、涡轮流量计、压力表、压力传感器的结构、工作原理及应用范围,并能进行校对。

1.5.3 知道核辐射密度计的工作原理、放射源的种类及强度,一般放射源的防护方法。

1.5.4 知道计算机的工作原理,会使用和维护计算机。

1.5.5 持有有效的井控证、HSE培训证和上岗合格证。

1.5.6 知道柴油机的工作原理、发电机组的操作过程和应用中的注意事项。

1.5.7 会使用对讲机、空调,并能进行一般的维护及保养。

1.5.8 负责对压裂车遥控系统进行维护和检修,对仪表车上的监控仪、计算机系统进行维护保养。

1.5.9 能科学地选用电子元器件,掌握电器焊接技术,会使用专业仪表工具。

1.5.10 身体健康,能够满足本岗位对身体状况的要求。

② 岗位职责

2.1 严格执行各项规章制度和操作规程,认真执行 HSE 管理规定和作业指令。

2.2 认真学习公司 HSE 方针、目标和承诺,积极参加 HSE 培训和应急演练活动。

2.3 拒绝执行任何违章指挥和违反 HSE 管理规定的作业指令。

2.4 上井出发前根据施工设备要求对所使用的工具、仪表仪器进行认真检查,并使之配套齐全。

2.5 施工时完成仪器仪表部分准备工作,做到各仪表工作正常,各信号线连接准确、牢固。

2.6　在酸化压裂施工中,集中精力,听从指挥,对施工数据进行监测。

2.7　施工结束后及时整理、打印、上交有关资料,并对施工资料进行电子存档,严格按照公司有关管理规定,取全取准施工资料,使资料准确率达到100%。

2.8　负责酸化压裂仪表车仪表部分的操作及维修保养工作。

2.9　负责压裂车、混砂车台上远控电路仪表维修及故障排除。

2.10　负责仪表车内计算机、打印机、压力传感器等硬件的操作、维护、保养。

2.11　负责混砂车流量计、密度计的日常检查、保养及维护工作。

2.12　学习本岗位技能知识,遵章守纪,提高自救互救能力,防患于未然。

2.13　了解本岗位存在的风险、可能导致的危害和不安全因素,发现并立即排除事故隐患,不能排除时向 HSE 监督员报告。

2.14　完成上级部门及领导交办的其他工作任务。

③ 岗位巡回检查

3.1　检查路线。

连接数据传输线→检查仪器仪表电路连接情况→接通仪器工作电源→输入数据→发送到现场指挥人员观察显示屏的实时数据→发送到上级主管部门技术人员及监督观察显示屏,显示实时数据→发送到上级主管部门技术人员及监督观察显示屏,显示实时曲线。

3.2　检查项目及内容。

项目	检查内容
(1) 连接数据传输线	(1) 连接工作网络数据传输线:一端接混砂车信号输出端,另一端接仪表车信号输入端。
	(2) 连接流量信号传输线:一端接混砂车排出管汇涡轮流量计磁芯信号输出端,另一端接仪表车信号输入端。
	(3) 连接油管压力信号传输线:一端接管汇车上压力传感器信号输出端,另一端接仪表车信号输入端。
	(4) 连接套管压力信号传输线:安装好套管压力传感器。将线一端接采油树套管压力传感器信号输出端,另一端接仪表车信号输入端。某些井井口不能接套管压力传感器时,不必安装套管压力传感器和连接套管压力信号传输线。
	(5) 连接井口、高压区视屏监控探头传输线
(2) 检查仪器仪表电路连接情况	(1) 现场作业分析工程师电脑电源电路连接情况。
	(2) 工作站电源电路连接情况。
	(3) 混砂车 OIP 控制电源电路连接情况。
	(4) 压裂车 OIP 控制电源电路连接情况。
	(5) 发电机电压,发电机启动后,正常电压值为 220 V±5 V(50 Hz)

项目	检查内容
(3) 接通仪器工作电源	(1) 接通 UPS 总电源:向上扳动 UPS 电源输入开关,3 个指示灯均变成绿色。约 10 s 后散热风扇开始转动。 (2) 接通数据采集系统电源:将采集板电源开关 UC POWER 扳到 ON 位置,指示灯变成绿色。 (3) 接通现场指挥观察显示电源:将红色按钮上端按下,按钮内置红色指示灯变亮,Job_Display 显示屏幕通电并自检。 (4) 接通上级主管部门技术人员及现场监督观察显示屏电源:将红色按钮上端按下,按钮内置红色指示灯变亮。按下液晶显示器 POWER 触键开关,显示屏幕通电并自检。 (5) 启动主机:按下工作站主机电源启动按钮,启动工作站主机
(4) 输入数据	(1) 按照《压裂(酸化)施工设计书》输入服务单位、作业井号、岩层名称。 (2) 将施工现场连接的仪表车、混砂车及所有压裂车设备号全部选取并添加到施工设备栏内。 (3) 确定采集信号变量来源:压力信号从仪表车采集;流量信号从仪表车采集;密度信号从混砂车采集。 (4) 按照《压裂(酸化)施工设计书》输入设计压裂施工方式。可选油管施工和套管施工两种施工方式。 (5) 输入射孔数和射孔直径(mm)。 (6) 输入封隔器平衡压力:油管内静液柱给封隔器产生的压力(MPa)和封隔器要保持平衡另一端的压力(MPa)。 (7) 输入井深(m)。 (8) 输入套管、油管内径和外径尺寸(mm)。 (9) 选择施工液体。 (10) 输入设计要求的阶段起始、结束排量(m^3/min)和阶段总液量(m^3)。 (11) 按设计要求,在相应阶段选择支撑剂类型、尺寸(目)、开始砂浓度(kg/m^3)、结束砂浓度(kg/m^3)。 (12) 输入施工井底温度(℃)、压裂液温度(℃)。 (13) 输入施工最高压力(MPa)。 (14) 输入射孔段高度(m)。 (15) 检查确认输入数据
(5) 发送到现场指挥人员观察显示屏 Job_Display 的实时数据	观察显示屏 Job_Display 的实时数据显示内容如下: 油管压力(MPa);套管压力(MPa);每台泵车的瞬时压力(MPa);每台泵车的瞬时排量(m^3/min);油管排量(m^3/min);胶联剂排量(L/min);砂浓度(kg/m^3);阶段总液量(m^3);施工总液量(m^3);胶联剂总液量(m^3);输砂器 1 转速(kg/s);输砂器 2 转速(kg/s)

项目	检查内容
(6) 发送到上级主管部门技术人员及现场监督观察显示屏(Customer 1),显示实时数据	上级主管部门技术人员及现场监督观察显示屏(Customer 1),显示实时数据显示内容如下: 　　油管压力(MPa);套管压力(MPa);油管排量(m³/min);胶联剂排量(L/min);砂浓度(kg/m³);阶段总液量(m³);施工总液量(m³);胶联剂总液量(m³)
(7) 发送到上级主管部门技术人员及现场监督观察显示屏(Customer 3),显示实时曲线	上级主管部门技术人员及现场监督观察显示屏(Customer 3),显示实时曲线显示内容如下: 　　油管压力(MPa);套管压力(MPa);油管排量(m³/min);砂浓度(kg/m³);胶联剂排量(L/min)曲线

④ 岗位操作技术规范

4.1　出车前准备。

4.1.1　试运行车载各仪表,确保仪表使用正常。

4.1.2　将施工所用的通讯设备进行充电,确保通讯设备灵敏好用。

4.1.3　对各传感器的信号输入进行校对,保证施工顺利进行。

4.1.4　根据施工设计配备好所需的附件及工具。

4.2　施工前准备。

4.2.1　操作人员工作前必须穿戴好劳动保护用品。

4.2.2　施工中注意安全,做到三不伤害。

4.2.3　将车停放在便于连接电缆线、远离危险区,且能观察到施工井全貌或能观察到井口的位置。

4.2.4　发电机起动前做好仪表车的防漏电接地工作。

4.2.5　发电机平稳工作,输出电压平稳后方可打开用电设备。

4.2.6　当高压主管线连接完毕后,按要求装好油压和套压传感器,并连接其信号线。

4.2.7　按操作标准预热放射密度以及连接其信号输出线。

4.2.8　按施工排量要求连接相应吸入流量计及信号线。

4.2.9　按施工排量要求连接相应排出流量计及信号线。

4.2.10　按施工要求连接好网络线(对具有网络系统的机组)。

4.2.11　对具有网络系统的机组,必须连接接地线。

4.2.12　启动仪表车台上各种仪器、仪表,预热电路,使其处于正常工况状态。

4.2.13　根据施工设计通过计算机输入井的基本数据和施工参数。

4.3 现场施工。

4.3.1 打开压裂车控制主板,检查中控箱各功能仪表显示状态,在施工指挥指令下启动各车台上设备。

4.3.2 检查仪表车各仪器仪表是否处于正常工作和显示状态。

4.3.3 按施工要求对施工进行实时监控、监测,录取和显示各种施工参数。

4.3.4 根据施工设计程序分别定义循环、试压、前置、加砂、顶替各阶段,当达到《压裂(酸化)施工设计书》设计量时,及时向指挥汇报。

4.4 施工结束后。

4.4.1 收回数据传输线或网络线,并将各种信号电缆、压力传感器按要求收回存放。

4.4.2 按施工指挥指令存档施工文件、整理施工资料、打印施工曲线,现场交相关方。

4.4.3 打印施工报告,包括施工报告封面、井的数据、事实描述、阶段信息、计划加砂单元、施工综合曲线(油压、套压、排量、砂比曲线),装订施工报告,并向上级有关部门提交施工报告及拷贝文本文件。

4.4.4 按操作程序关闭室内仪器仪表,关闭计算机,依次关闭各个电源,关闭总电源,关闭发电机,收回接地线。

4.4.5 回场后对本岗位的设备进行维护保养及修理工作,有故障及时排除,严禁带故障出车,不能排除的及时向队里汇报。

⑤ 风险提示及控制措施

工作内容	风险提示	产生的原因	控制措施
施工准备及回厂检查	人员伤害、设备隐患影响施工质量	岗位责任心不强,巡回检查不到位	(1)各岗位严格执行《岗位操作技术规范》和《设备安全技术操作规程》。 (2)施工前必须参加技术、安全交底和分工会议,明确施工指挥者、主操作手和其他岗位负责人,了解施工程序、施工参数、技术要求和安全注意事项
管线连接与拆卸	人员坠落、落物砸伤、意外伤害、设备损坏	岗位责任心不强,违章操作	遵守《酸化压裂施工安全管理规定》和《设备安全技术操作规程》
循环	管线不畅通发生爆裂、人员受伤、设备损坏	岗位责任心不强,违章操作	连接前检查管线通畅情况,循环时将闸门开启,设定超压保护

续表

工作内容	风险提示	产生的原因	控制措施
试压	高、低压管线破裂	未按规定进行高压管汇的检测	(1) 执行《高压管汇管理规定》,各泵车按施工要求设置超压保护。 (2) 试压值以施工设计为准,试压时保持5 min 不刺不漏为合格
泵注过程	堵管柱或砂堵	人员误操作,设备故障	(1) 按设计和现场指挥要求施工;所有岗位人员必须听从施工指挥一人发出的指令。 (2) 维护好设备
	酸蚀	酸液飞溅,罐阀门或管线腐蚀	(1) 定期对高、低压管汇进行检测,保证无刺漏。 (2) 所有施工人员,应严格按规定穿戴好劳动保护用品
	井场着火	油基压裂液施工过程中,泵送系统发生泄漏	(1) 油基压裂时高压检测中心要对管汇进行检测,以保证无刺漏。 (2) 严禁烟火,地面消防设施必须完好齐全
	听力损伤	未正确使用劳动保护用品	施工现场佩戴防噪音耳塞或对讲机
	源辐射	源泄漏、辐射	加入防护屏障,非工作人员远离放射源,工作人员连接数据线后快速撤离。施工完毕后及时关闭放射源闸板
	井口、高压管线刺漏伤人	无安全标识	(1) 必须有安全警告牌、警示带和风向标。 (2) 明确发生故障和危险的紧急措施,以及安全撤离路线。 (3) 非岗位操作人员,一律不允许进入高压区
施工结束	现场遗留废弃物	环境污染	(1) 生活垃圾和工业垃圾集中收藏,施工残液按上级主管部门技术人员指定地点排放。 (2) 如施工过程中发生液体刺漏或油料泄漏,应采取措施妥善处理,避免发生污染事故

6 施工过程中风险应急处理的一般措施

主要概述施工过程中发生危险情况时,施工人员应迅速做出应急反应,以及处理风险的一般措施。

6.1 酸蚀。

6.1.1 发生人员被酸灼伤时，立即将被灼伤人员带领到清水和苏打水摆放处，用清水和苏打水清洗被灼伤人员的受伤处。

6.1.2 现场发现人员受伤立即向施工现场负责人报告。

6.1.3 现场负责人安排车辆将受伤人员送往就近医院治疗，并报上级主管部门。

6.2 交通事故。

6.2.1 发生交通事故时，事故单位负责人应以最快捷方式通知上级主管部门，通知内容包括：时间、地点、伤害原因、伤害人数、伤害程度等。

6.2.2 上级主管部门接到报告后须立即报告安全第一责任人及安全主管部门。

6.2.3 事故现场负责人，必须以最快的速度，将伤员送至最近的医院抢救治疗，并在现场按要求摆放警示标志。

6.2.4 接到事故通知后，抢救组负责通知医院做好急救准备，迅速赶到医院，办理住院手续，同时派人及时做好伤员家属的安抚工作。

6.2.5 安全主管部门负责事故调查和现场处置。

6.3 管线连接时，发生人员坠落、落物砸伤、榔头伤人。

6.3.1 受伤较轻时，现场受过急救培训的人员立即利用现场急救包，现场进行处理。

6.3.2 受伤较重时，压裂现场负责人立即以最快捷方式通知上级主管部门，通知内容包括：时间、地点、伤害原因、伤害人数、伤害程度。

6.3.3 上级主管部门须立即报告安全第一责任人及安全主管部门。

6.3.4 事故现场负责人对受伤人员进行现场处理后，以最快速度将伤员送至最近医院抢救治疗。

6.3.5 接到事故通知后，抢救组负责通知医院做好急救准备，办理住院手续，同时派人及时做好伤员家属的安抚工作。

6.3.6 安全主管部门负责事故调查和现场处置。

6.4 试压时造成高、低压管线破裂，立即停止试压，更换破裂管线。

6.5 高压泵注。

6.5.1 高、低压管线破裂事故。

（1）立刻紧急停泵。

（2）酸化压裂队作业工立刻关闭井口与管汇车之间的旋塞阀。

（3）作业工立即关闭井口阀门。

（4）酸化压裂现场指挥安排更换高、低压管汇，并组织对现场进行清理。

（5）由现场领导小组决定是否继续施工。

6.5.2 堵管柱或砂堵。

(1) 按现场施工工序要求降低排量,当压力超过设计最大值时,立即停泵。

(2) 开井放喷,至少放出一个管串容积液量,将井筒中浓砂液放出。

(3) 用基液试挤,如压力不超压,砂堵解除,可泵注一定量的冻胶液后继续加砂;如试挤压力快速上升,砂堵未解除,则停止试挤,用水或基液反循环洗井,直到洗通为止。

(4) 反循环洗井,出口管线必须用硬管线连接,返出物必须进罐,现场安全员在罐口做有毒有害气体检测。

(5) 洗通或放通后,由现场领导小组根据具体情况决定是否继续施工。

6.5.3 井场着火。

(1) 泵工立刻紧急熄火,停泵;混砂车操作工紧急熄火,停止供液。

(2) 酸化压裂队应急小分队在现场总指挥的指挥下用车载灭火器施救。

(3) 通知消防车进入现场施救。

(4) 未连接管线的车辆司机立即将车辆开至安全地点。

(5) 作业队立即组织人员抢关井口阀门(无保护器)。

(6) 酸化压裂队立即组织作业工抢关井口与管汇之间的旋塞阀。

(7) 酸化压裂队作业工从放压阀放压。

(8) 各车司机、泵工配合砸开高压管线,在火情允许情况下,将车辆开至安全地点。

(9) 现场抢险组在现场总指挥的统一指挥下,配合消防队灭火。

(10) 其余人员在现场总指挥的指挥下撤至安全集合点待命,并清点人数。

(11) 现场负责人立即通知上级主管部门,并报告火情、地点、是否需要增援。

(12) 上级主管部门立即通知第一责任人赶赴现场。

(13) 安全主管部门赶赴现场处理事故。

(14) 灭火中的注意事项:

① 灭火工作应采用"先控制,后灭火"的原则,防止火势蔓延和扩大。

② 现场救火人员必须在确保自身安全的情况下才能救火。

③ 火灾险情消除后,待安全人员检查现场,确认安全后,方可进行现场勘查工作。

酸化压裂车组大班岗位操作技术规范

① 岗位任职条件

1.1 职业道德:有较强的事业心和责任感,坚持原则,秉公办事。

1.2 文化程度:具有机械、柴油机类中等职业学校及以上(含技校、高中)文化程度。

1.3 职业资格:具有工人技师及以上技术级别机械类专业岗位资格。

1.4 工作经历:从事机械、酸化、压裂作业等工作三年以上或从事一线工作累计四年以上。

1.5 相关知识、能力要求:

1.5.1 较系统地掌握机械工程、采油工程等基础理论知识,熟悉自己所操作压裂车台上柴油机、变速箱器、压裂泵三大件的安装及连接顺序并掌握其性能、结构、工作原理。

1.5.2 熟悉机械维修保养知识、各种油品知识,懂得一般钳工知识、电工知识及电气焊知识。

1.5.3 熟悉各种常用材料的规格、性能、用途、使用寿命等。

1.5.4 懂得所接触的电气元件、集成线路板、仪表维修知识。

1.5.5 能判断、解决酸化压裂设备出现的常见故障。

1.5.6 对酸化压裂设备所用各种机械、电气配件、高低压管件和阀门等能熟练掌握。

1.5.7 持有有效的井控证、HSE 培训证和特殊工种操作证。

1.5.8 身体健康,能承担较繁重的工作任务。

② 岗位职责

2.1 带头自觉遵守国家的法律、法规及单位的各项规章制度,熟悉本工种的技术操作规程。

2.2 协助队长制定全队设备材料计划、设备保养维修计划及设备管理规程。

2.3 组织全班开展安全活动,进行安全教育和技术培训,对"三新"人员要进行岗前培训考核。

2.4 督促、检查本班员工正确使用和管理好各种维修工具和设备,及时制止"三违"现象,确保生产安全。

2.5 负责解决现场施工过程中设备出现的各种故障,保证设备完好,使酸化压裂施工顺利进行。

2.6　负责本队交旧领新和修旧利废工作,积极开展新工艺、新技术的应用和推广。

2.7　掌握与本岗位有关的 HSE 管理体系的内容。

2.8　建立、健全各种设备资料台帐,填好全队设备运转记录。

2.9　负责组织安排设备的维修保养,根据设备情况制定本单位年度设备维修保养加工计划,负责解决和处理设备技术难题。

2.10　完成上级部门及领导交办的其他工作任务。

③ 岗位巡回检查

3.1　检查路线。

压裂车→混砂车→砂罐车→仪表车。

3.2　检查项目及内容。

项目	检查内容
(1) 压裂车	(1) 柴油机、变矩器、大泵的工作情况。 (2) 柴油机紧急熄火按钮是否在停车位,台上熄火拉杆是否复位(即在柴油机运转位置)。 (3) 各泵的柱塞润滑泵准备情况。 (4) 各泵超压保护的设定
(2) 混砂车	(1) 台下发动机、台上发动机运转情况。 (2) 各系统的准备情况。 (3) 液压泵的工作情况。 (4) 交联剂泵的工作情况。 (5) 输砂绞笼的工作情况。 (6) 防静电接地线是否接好
(3) 砂罐车	(1) 砂罐车液压举升情况。 (2) 有无倒换场地及空间。 (3) 各砂罐车的砂质量、数量
(4) 仪表车	(1) 各仪表系统工作是否正常。 (2) 超压保护是否设定。 (3) 发电机工作情况。 (4) 主压车控制面板显示情况

④ 岗位操作技术规范

4.1　出车前的准备。

4.1.1　出车前做好对设备的检查。

4.1.2 施工前做好单井施工配件和易损件准备。

4.1.3 施工前做好单井施工油、材料准备。

4.2 启动前的准备。

4.2.1 检查井场有无泥浆坑、地桩、电线等不安全因素,确保压裂车能顺利驶入井场,进入摆放位置。

4.2.2 协助司机按现场指挥的指引将泵车停到井场指定位置,车尾对准管汇或管汇相应连接处,压裂车与压裂车之间应相距 0.8 m。卡车变速箱排挡应放在空挡位的位置上,刹住手刹。

4.2.3 将消防器摆放至车头 1 m 远位置。

4.2.4 连接上水管线和排出管线,管线连接牢固可靠。

4.2.5 检查并紧固泵液力端压盖。

4.2.6 检查柴油机润滑油的质量和数量,油面应在油标尺上下限中间或偏上的位置。

4.2.7 检查燃油箱内的油量,不足时添加。

4.2.8 检查冷却液的液面,必要时添加。

4.2.9 检查变矩器油量,不足时添加。

4.2.10 检查大泵动力端润滑油量和液力端柱塞润滑油量,不足时添加。

4.2.11 检查紧急熄火开关是否处于正常位置。

4.3 启动柴油机。

4.3.1 启动自动远控系统,所有控制功能经检验后进入启动程序。

4.3.2 开通供气开关,控制箱上把主供气开关拨至开通位置,即把旋钮置"OPEN"位置。

4.3.3 接通远控箱电源开关,即把旋钮旋置"ON"位置,打开指示灯试验开关,检查各指示灯是否正常。

4.3.4 保证传动器处于空挡,并刹住卡车刹车,司机发动台下发动机,挂上 PTO,并将怠速增至 1 500 r/min(对于 HQ2000 型为 1 800 r/min),打开气路控制阀,使液压泵处于工作状态。

4.3.5 将传动箱选挡器拨到空挡位置,按下启动开关启动台上柴油机。

4.3.6 柴油机启动后,检查各个系统是否有油、气、水的渗漏。

4.3.7 柴油机启动后观察发动机、传动器及泵系统仪表工作是否正常。

4.3.8 柴油机启动后,应怠速运转跑温,温度上升到一定值时,应及时提高柴油机转速。

注意观察柴油机在运转中有无异响,各部件有无松动,发现问题及时处理。

4.4　施工操作。

4.4.1　据施工要求,设置各泵车超压保护。

4.4.2　按施工指挥要求对泵车进行逐台循环,然后按照施工设计要求的试压压力对高压系统进行试压。

4.4.3　施工开始,按指挥员要求逐台启泵,达到设计排量或压力。注意:

① 摘挂挡时要缓慢提高或降低柴油机转速。

② 当减挡和加挡时先将转速开关降到 1 600 r/min,锁定开关起作用(黄灯亮)时再进行加、减挡位。

③ 按照设计要求听从指挥员的指令逐台增加挡位,缓慢加大油门,密切观察压力变化。

4.4.4　正常施工中注意设备性能状态,如柴油机油温、柴油机油压、变矩器油温、变矩器油压、压裂泵油温、压裂泵油压、液压油温度等,应注意报警灯。

4.5　施工结束。

4.5.1　施工结束,停泵时先降油门,再摘挡位;或按全部空挡(停泵)开关。

4.5.2　正常停车:施工结束后将柴油机油门降至怠速运转5～10 min待温度降下来后方可停车。严禁高速运转时突然停车。

4.5.3　紧急停车:如遇发动机飞车、失火等异常情况,应拉紧急停车装置,使全压裂泵车停止工作,使发动机熄火。停机后,应盘车4～6圈,若盘车不能转动发动机,不准再使用启动装置启动发动机,要请专业修理人员进行检查,排除故障。

4.5.4　检查各设备的温度、压力是否在正常范围内,按下运行—熄火开关至熄火位,停止柴油机运转。

4.5.5　先关闭面板开关,后关闭总电源,再卸掉数据传输电缆或工作网络数据传输线。

4.5.6　施工完毕后的检查操作:卸掉上水管线,放净低压管线内的残液,井口放压后,再拆卸高压管线;将压裂泵上水腔放液闸门打开放净泵腔内的残液,并用残液桶接残液;打开泵腔检查清洗更换凡尔体、凡尔座,补充柱塞润滑油。

4.5.7　回厂后的检查:台上柴油机和变矩器,检查冷却液、机油、发电机皮带、各滤清器、各管线、各部固定螺丝、变矩器油面、变矩器传动轴防护网;大泵,检查泵的柱塞及柱塞密封圈、高压腔和低压腔的泵盖丝扣、密封圈、凡尔弹簧、凡尔体及凡尔座等。

⑤ 风险提示及控制措施

工作内容	风险提示	产生的原因	控制措施
施工准备及回厂检查	人员伤害、设备隐患影响施工质量	岗位责任心不强，巡回检查不到位	(1) 各岗位严格执行《岗位操作技术规范》和《设备安全技术操作规程》。(2) 施工前必须召开技术、安全交底和分工会议，明确施工指挥者、主操作手和其他岗位负责人，了解施工程序、施工参数、技术要求和安全注意事项
管线连接与拆卸	人员坠落、落物砸伤、意外伤害、设备损坏	岗位责任心不强，违章操作	遵守《酸化压裂施工安全管理规定》和《设备安全技术操作规程》
循环	管线不畅通发生爆裂、人员受伤、设备损坏	岗位责任心不强，违章操作	连接前检查管线通畅情况，循环时将闸门开启；设定超压保护
试压	高、低压管线破裂	未按规定进行高压管汇的检测	(1) 执行《高压管汇管理规定》，各泵车按施工要求设置超压保护。(2) 试压值以施工设计为准，试压时保持5 min不刺不漏为合格
泵注过程	堵管柱或砂堵	人员误操作，设备故障	(1) 按设计和现场指挥要求施工；所有岗位人员必须听从施工指挥一人发出的指令。(2) 维护好设备
	酸蚀	酸液飞溅，罐阀门或管线腐蚀	(1) 定期对高、低压管汇进行检测，保证无刺漏。(2) 所有施工人员应严格按规定穿戴好劳动保护用品
	井场着火	油基压裂液施工过程中，泵送系统发生泄漏	(1) 油基压裂时高压检测中心要对管汇进行检测，以保证无刺漏。(2) 严禁烟火，地面消防设施必须完好齐全

工作内容	风险提示	产生的原因	控制措施
泵注过程	听力损伤	未正确使用劳动保护用品	施工现场佩戴防噪音耳塞或对讲机
	源辐射	源泄漏、辐射	加入防护屏障,非工作人员远离放射源,工作人员连接数据线后快速撤离。施工完毕后及时关闭放射源闸板
	井口、高压管线刺漏伤人	无安全标识	(1)必须有安全警告牌、警示带和风向标。 (2)明确发生故障和危险的紧急措施,以及安全撤离路线。 (3)非岗位操作人员,一律不允许进入高压区
施工结束	现场遗留废弃物	环境污染	(1)生活垃圾和工业垃圾集中收藏,施工残液按上级主管部门技术人员指定地点排放。 (2)如施工过程中发生液体刺漏或油料泄漏,应采取措施妥善处理,避免发生污染事故

6 施工过程中风险应急处理的一般措施

主要概述施工过程中发生危险情况时,施工人员应迅速做出应急反应,以及处理风险的一般措施。

6.1 酸蚀。

6.1.1 发生人员被酸灼伤时,立即将被灼伤人员带领到清水和苏打水摆放处,用清水和苏打水清洗被灼伤人员的受伤处。

6.1.2 同时现场发现人员受伤立即向施工现场负责人报告。

6.1.3 现场负责人安排车辆将受伤人员送往就近医院治疗,并报上级主管部门。

6.2 交通事故。

6.2.1 发生交通事故时,事故单位负责人应以最快捷方式通知上级主管部门,通知内容包括:时间、地点、伤害原因、伤害人数、伤害程度等。

6.2.2 上级主管部门接到报告后须立即报告安全第一责任人及安全主管部门。

6.2.3 事故现场负责人,必须以最快的速度将伤员送至最近的医院抢救治疗,并在现场按要求摆放警示标志。

6.2.4 接到事故通知后,抢救组负责通知医院做好急救准备,迅速赶到医院,办理住院手续,同时派人及时做好伤员家属的安抚工作。

6.2.5 安全主管部门负责事故调查和现场处置。

6.3 管线连接时,发生人员坠落、落物砸伤、榔头伤人。

　　6.3.1　受伤较轻时,现场受过急救培训的人员立即利用现场急救包,现场进行处理。

　　6.3.2　受伤较重时,压裂现场负责人立即以最快捷方式通知上级主管部门,通知内容包括:时间、地点、伤害原因、伤害人数、伤害程度。

　　6.3.3　上级主管部门须立即报告安全第一责任人及安全主管部门。

　　6.3.4　事故现场负责人对受伤人员进行现场处理后,以最快速度将伤员送至最近医院抢救治疗。

　　6.3.5　接到事故通知后,抢救组负责通知医院做好急救准备,办理住院手续,同时派人及时做好伤员家属的安抚工作。

　　6.3.6　安全主管部门负责事故调查和现场处置。

　　6.4　试压时造成高、低压管线破裂,立即停止试压,更换破裂管线。

　　6.5　高压泵注。

　　6.5.1　高、低压管线破裂事故。

　　(1)立刻紧急停泵。

　　(2)酸化压裂队作业工立刻关闭井口与管汇车之间的旋塞阀。

　　(3)作业工立即关闭井口阀门。

　　(4)酸化压裂现场指挥安排更换高、低压管汇,并组织对现场进行清理。

　　(5)由现场领导小组决定是否继续施工。

　　6.5.2　堵管柱或砂堵。

　　(1)按现场施工工序要求降低排量,当压力超过设计最大值时,立即停泵。

　　(2)开井放喷,至少放出一个管串容积液量,将井筒中浓砂液放出。

　　(3)用基液试挤,如压力不超压,砂堵解除,可泵注一定量的冻胶液后继续加砂;如试挤压力快速上升,砂堵未解除,则停止试挤,用水或基液反循环洗井,直到洗通为止。

　　(4)反循环洗井,出口管线必须用硬管线连接,返出物必须进罐,现场安全员在罐口做有毒有害气体检测。

　　(5)洗通或放通后,由现场领导小组根据具体情况决定是否继续施工。

　　6.5.3　井场着火。

　　(1)立刻紧急熄火,停泵;混砂车操作工紧急熄火,停止供液。

　　(2)酸化压裂队应急小分队在现场总指挥的指挥下用车载灭火器施救。

　　(3)通知消防车进入现场施救。

　　(4)未连接管线的车辆司机立即将车辆开至安全地点。

　　(5)作业队立即组织人员抢关井口阀门(无保护器)。

　　(6)酸化压裂队立即组织作业工抢关井口与管汇之间的旋塞阀。

　　(7)酸化压裂队作业工从放压阀放压。

(8) 各车司机、泵工配合砸开高压管线,在火情允许的情况下,将车辆开至安全地点。

(9) 现场抢险组在现场总指挥的统一指挥下,配合消防队灭火。

(10) 其余人员在现场总指挥的指挥下撤至安全集合点待命,并清点人数。

(11) 现场负责人立即通知上级主管部门,并报告火情、地点、是否需要增援。

(12) 上级主管部门立即通知第一责任人赶赴现场。

(13) 安全主管部门赶赴现场处理事故。

(14) 灭火中的注意事项:

① 灭火工作应采用"先控制,后灭火"的原则,防止火势蔓延和扩大。

② 现场救火人员必须在确保自身安全的情况下才能救火。

③ 火灾险情消除后,待安全人员检查现场,确认安全后,方可进行现场勘查工作。

酸化压裂泵车操作工岗位操作技术规范

① 岗位任职条件

1.1　职业道德：有强烈的事业心和主人翁精神，为石油工业振兴努力工作。

1.2　文化程度：具有机械、柴油机、采油工程类中等职业学校及以上（含技校、高中）文化程度。

1.3　职业资格：具有初级及以上相关专业技术岗位任职资格。

1.4　工作经历：从事酸化压裂泵车操作技术工作一年以上或从事一线工作累计四年以上。

1.5　相关知识、能力要求：

1.5.1　较系统地掌握采油工程、机械工程、柴油机等基础理论知识，掌握酸化压裂车台上柴油机、变矩器、压裂泵三大件的安装及连接顺序、基本构造和工作原理。

1.5.2　有一定的综合分析能力和判断能力，能处理酸化压裂施工中压裂泵的抽空、刺漏等一般工艺问题，保证施工质量。

1.5.3　懂得一般油品、水的常识和电工知识。

1.5.4　能发现和解决酸化压裂施工中压裂车出现的问题，并能正确分析和处理。

1.5.5　持有有效的井控证、HSE培训证和特殊工种操作证。

1.5.6　身体健康，能承担较繁重的工作任务。

② 岗位职责

2.1　学习和执行国家、地方政府有关安全生产的法律法规及上级部门的各项安全生产要求，对本岗位安全生产负责；对职责范围内的违章行为造成的后果负责。

2.2　参加班组安全教育活动，增强事故预防和应急处理能力。

2.3　严格执行本岗位技术标准和操作规程，杜绝违章操作。

2.4　参加班前班后会，对作业风险进行识别，相互监督，相互提示。

2.5　负责台上易损件的检查和更换，管好专用工具和随车工具。

2.6　负责台上设备在运转、施工过程中的巡回检查，负荷前的预热，各种高、低压管汇的连接，车辆装载的牢固情况，协助驾驶员填写好车辆及台上设备的运转记录。

2.7　负责台上柴油机、大泵的例保、一保，坚持"十字"作业，按设备操作规程平稳操作。明确各种润滑油、冷却液、液压油、燃油的型号，缺少时按规定及时补充同型号的液剂。

2.8　熟悉并掌握作业场所和工作岗位存在的危险点源、风险控制措施及相应的应急预案,在紧急情况发生时能够按应急预案的要求迅速撤离或投入急救工作。

2.9　严禁违章操作,有权拒绝违章指挥,并对违章行为有制止、监督、举报的权利。

2.10　积极参加 HSE 活动,接受 HSE 培训。

2.11　按照 HSE 有关规定,穿戴好劳动保护用品。

2.12　及时认真地填写本岗位的有关安全资料。

2.13　完成上级部门及领导交办的其他工作。

③ 岗位巡回检查

3.1　检查路线。

底盘传动、行走系统→电路系统→气压系统→冷却系统→发动机→变速箱→工具及其固定摆放→液压系统→泵系统→网络控制系统。

3.2　检查项目及内容。

项目	检查内容
(1) 底盘传动、行走系统	(1) 轮胎外观有无明显磨损、硬物嵌入及气压是否正常。 (2) 轮胎螺丝是否齐全、紧固,以及轴头润滑油液面。 (3) 钢板悬挂有无断裂、移位。 (4) 传动系统各传动轴螺丝是否齐全、紧固、润滑良好,旋转部位是否配备防护罩。 (5) 刹车制动系统,手刹、脚刹及紧急制动效果是否良好。 (6) 转向系统各运动件连接是否良好、运转是否灵活,管线连接有无渗漏
(2) 电路系统	(1) 蓄电池电量是否充足,接线柱有无松动、锈蚀,液面是否高出极板 $10\sim15$ mm。 (2) 各仪表、灯光工作是否正常。 (3) 各线路有无裸露、老化、松动、搭铁现象
(3) 气压系统	(1) 气路系统压力是否为 0.8 MPa。 (2) 气路管路各阀件调整是否适当、各管线连接有无漏气
(4) 冷却系统	(1) 散热器风扇马达。 (2) 柴油机水箱水位及支架固定情况。 (3) 泵固定情况

项目	检查内容
(5) 发动机	(1) 柴油箱油位。 (2) 从水箱窥视孔检查冷却液面是否为正常。 (3) 机油面是否在油尺上的 FULL～ADD 刻线之间。 (4) 各滤清器是否清洁,无污染、变形、渗漏、松动等现象。 (5) 传动皮带松紧程度是否适当,是否能下压传动皮带达 30～40 mm,电动机皮带松紧度以两轮中间能下压 1.5 cm 为准
(6) 变速箱	(1) 变速箱冷油面是否达到观察孔满位,热车油面是否达到观察孔中位。 (2) 取力器位置是否处于关闭状态。 (3) 变速箱传动轴防护网螺丝无缺失,牢固可靠。 (4) 变速箱滤清器无变形、渗漏、松动等现象,牢固可靠。 (5) 线路牢固可靠
(7) 工具及固定摆放	(1) 工具规格、数量是否符合配备标准。 (2) 工具是否摆放在指定位置。 (3) 工具是否固定牢靠
(8) 液压系统	(1) 液压油箱油面是否到观察孔上部。 (2) 液压系统各液压连接部件运转是否灵活,管线连接有无渗漏。 (3) 液压系统油箱压力在 20 psi 以内。 (4) 启动液马达开关是否打开(夏季打开一个即可)。 (5) 紧急熄火按钮是否在停车位,台上熄火拉杆是否复位(即在柴油机运转位置)
(9) 泵系统	(1) 液力端泵柱塞盘根润滑油,油位以不低于高油位为准。 (2) 液力端润滑油泵。 (3) 泵液力端高压放压阀是否处于关闭状态。 (4) 大泵的固定情况,泵头螺丝有无松动、缺失。 (5) 动力端润滑油油箱油位、冷油面是否到观察孔满位,热车油面是否达到观察孔中位。 (6) 高压管线连接是否紧固,密封垫是否完好,泵上水腔堵头是否关闭。 (7) 泵液力端压力传感器及其接头是否牢固
(10) 网络控制系统	(1) 网络数据传输线:一端接在数据输出接头,另一端接在其他施工用压裂车(压裂泵车、混砂车及仪表车)数据输入接头。打开控制显示屏显示正常。 (2) 控制电缆及插头连接情况,打开控制面板显示正常

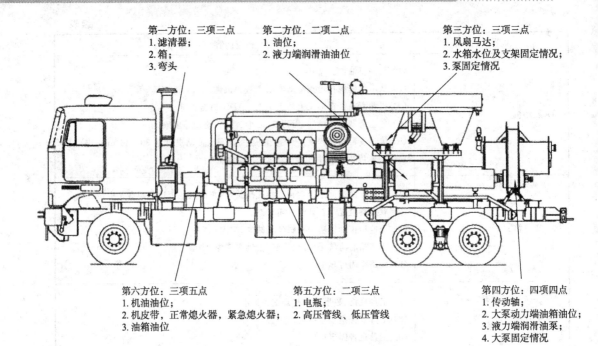

第一方位：三项三点
1. 滤清器；
2. 箱；
3. 弯头

第二方位：二项二点
1. 油位；
2. 液力端润滑油油位

第三方位：三项三点
1. 风扇马达；
2. 水箱水位及支架固定情况；
3. 泵固定情况

第六方位：三项五点
1. 机油油位；
2. 机皮带，正常熄火器，紧急熄火器；
3. 油箱油位

第五方位：二项三点
1. 电瓶；
2. 高压管线、低压管线

第四方位：四项四点
1. 传动轴；
2. 大泵动力端油箱油位；
3. 液力端润滑油泵；
4. 大泵固定情况

压裂泵车台上巡回检查图（以 HQ-2000 型压裂车为例）
共六方位十七项二十点

④ 岗位操作技术规范

4.1 启动前的准备。

4.1.1 检查井场有无泥浆坑、地桩、电线等不安全因素,确保压裂车能顺利驶入井场,进入摆放位置。

4.1.2 协助司机按现场指挥的指引将泵车停到井场指定位置,车尾对准管汇或管汇相应连接处,压裂车与压裂车之间应相距 0.8 m,卡车变速箱排挡应放在空挡位的位置上,刹住手刹。

4.1.3 将消防器摆放至车头 1 m 以远。

4.1.4 连接上水管线和排出管线,管线连接牢固可靠。从高压分配器至压裂车泵头之间的高压管汇的由壬、接头用钢丝绳按规定方法缠绕。

4.1.5 检查并紧固泵液力端压盖。

4.1.6 检查柴油机润滑油的质量和数量,油面应在油标尺上、下限中间或偏上的位置。

4.1.7 检查燃油箱内的油量,不足时添加。

4.1.8　检查冷却液的液面,必要时添加。

4.1.9　检查变矩器油量,不足时添加。

4.1.10　检查大泵动力端润滑油量和液力端柱塞润滑油油量,不足时添加。

4.1.11　检查紧急熄火开关是否处于正常位置。

4.1.12　连接仪表控制线至仪表车,领取通讯设备。

4.2　启动柴油机。

4.2.1　启动自动远控系统,所有控制功能经检验后进入启动程序。

4.2.2　开通供气开关,将控制箱上的主供气开关拨至开通位置,即把旋钮置"OPEN"位置。

4.2.3　接通远控箱电源开关,即把旋钮旋置"ON"位置,打开指示灯试验开关,检查各指示灯是否正常。

4.2.4　保证传动器处于空挡,并刹住卡车刹车。司机发动台下发动机,挂上 PTO,并将转速增至 1 500 r/min(对于 HQ2000 型为 1 800 r/min),打开气路控制阀,使液压泵处于工作状态。

4.2.5　将传动箱选挡器拨到空挡位置,按下启动开关启动台上柴油机。

4.2.6　柴油机启动后,检查各个系统是否有油、气、水的渗漏。

4.2.7　柴油机启动后观察发动机、传动器及液力系统仪表工作是否正常。

4.2.8　柴油机启动后,应在怠速运转跑温,温度上升到一定值时,应及时提高柴油机转速。

注意查看柴油机在运转中有无异响、各部件有无松动,发现问题及时处理。

4.3　施工操作。

4.3.1　据施工要求,设置各泵车超压保护。

4.3.2　按施工指挥要求对泵车进行逐台循环,然后按照施工设计要求的试压压力对高压系统进行试压。

4.3.3　施工开始,按指挥员要求逐台启泵,达到设计排量或压力。注意:

① 摘挂挡时要缓慢提高或降低柴油机转速。

② 当减挡和加挡时先将转速开关降到 1 600 r/min,锁定开关起作用(黄灯亮)后再进行加、减挡位。

③ 按照设计要求听从指挥员的指令逐步逐台增加挡位,缓缓加大油门,密切观察压力变化。

4.3.4　正常施工中注意设备性能状态,如柴油机油温、柴油机油压、变矩器油温、变矩器油压、压裂泵油温、压裂泵油压、液压油温度等,注意报警灯。

4.4　施工结束。

4.4.1　施工结束,停泵时先降油门,再摘挡位。

4.4.2 正常停车,施工结束后将柴油机油门降至怠速运转 5～10 min,待温度降下来后方可停车,严禁高速运转时突然停车。

4.4.3 紧急停车:如遇高压管线、弯头爆裂,砂堵压力突然上升,发动机飞车、失火时,拉开紧急停车装置,致使压裂泵车停止工作,使发动机熄火。停机后,应盘车 4～6 圈,若盘车不能转动发动机,不准再使用启动装置启动发动机,请专业修理人员进行检查,排除故障。

4.4.4 检查各设备的温度、压力是否在正常范围内,按下运行—熄火开关至熄火位停止柴油机运转。

4.4.5 先关闭面板开关,后关闭总电源,再卸掉数据传输电缆或工作网络线。

4.4.6 施工完毕后检查操作,卸掉上水管线,放净残液;井口放压后,放净低压管线内的残液再拆卸高压管线;压裂泵上水腔放液闸门打开,放净泵腔内的残液,并用残液桶接残液;打开泵腔检查清洗更换凡尔体、凡尔座,补充柱塞润滑油。

4.4.7 将数据线盘好固定,工具收回。司机将消防器材收回,清理井场并撤离井场。

4.4.8 回厂后的检查:台上柴油机和变矩器,检查冷却液、机油、发电机皮带、各滤清器、各管线、各部固定螺丝、变矩器油面、变矩器传动轴防护网;大泵,检查泵的柱塞及柱塞密封圈、高压腔和低压腔的泵盖丝扣、密封圈、凡尔弹簧、凡尔体及凡尔座等。

⑤ 风险提示及控制措施

工作内容	风险提示	产生的原因	控制措施
施工准备及回厂检查	人员伤害、设备隐患影响施工质量	岗位责任心不强,巡回检查不到位	(1) 各岗位严格执行《岗位操作技术规范》和《设备安全技术操作规程》。 (2) 施工前必须参加技术、安全交底和分工会议,明确施工指挥者、主操作手和其他岗位负责人,了解施工程序、施工参数、技术要求和安全注意事项
施工往返过程	交通事故	违章行驶	严格执行《中华人民共和国道路交通安全法》,队车行驶,控制车速,保证设备安全
管线连接与拆卸	人员坠落、落物砸伤、意外伤害、设备损坏	岗位责任心不强,违章操作	遵守《酸化压裂施工安全管理规定》和《设备安全技术操作规程》
循环	管线不畅通发生爆裂、人员受伤、设备损坏	岗位责任心不强,违章操作	连接前检查管线通畅,循环时将闸门开启;设定超压保护

续表

工作内容	风险提示	产生的原因	控制措施
试压	高、低压管线破裂	未按规定进行高压管汇的检测	(1) 执行《高压管汇管理规定》，各泵车按施工要求设置超压保护。 (2) 试压值以施工设计为准，试压时保持稳压 5 min 不刺不漏为合格
泵注过程	堵管柱或砂堵	人员误操作，设备故障	(1) 按设计和现场指挥要求施工；所有岗位人员必须听从施工指挥一人发出的指令。 (2) 维护好设备
	酸蚀	酸液飞溅，罐阀门或管线腐蚀	(1) 定期对高、低压管汇进行检测，保证无刺漏。 (2) 所有施工人员，应严格按规定穿戴好劳动保护用品
	井场着火	油基压裂液施工过程中，泵送系统发生泄漏	(1) 油基压裂时高压检测中心要对管汇进行检测，以保证无刺漏。 (2) 严禁烟火，地面消防设施必须完好齐全
	听力损伤	未正确使用劳动保护用品	施工现场佩戴防噪音耳塞或对讲机
	源辐射	源泄漏、辐射	加入防护屏障，非工作人员远离放射源，工作人员连接数据线后快速撤离。施工完毕后及时关闭放射源闸板
	井口、高压管线刺漏伤人	无安全标识	(1) 必须有安全警告牌、警示带和风向标。 (2) 明确发生故障和危险的紧急措施，以及安全撤离路线。 (3) 非岗位操作人员，一律不允许进入高压区
施工结束	现场遗留废弃物	环境污染	(1) 生活垃圾和工业垃圾集中收藏，施工残液按上级主管部门技术人员指定地点排放。 (2) 如施工过程中发生液体刺漏或油料泄漏，应采取措施妥善处理，避免发生污染事故

⑥ 施工过程中风险应急处理的一般措施

　　主要概述施工过程中发生危险情况时，施工人员应迅速做出应急反应，以及处理风险的一般措施。

6.1 酸蚀。

6.1.1 发生人员被酸灼伤时,立即将被灼伤人员带领到清水和苏打水摆放处,用清水和苏打水清洗被灼伤人员的受伤处。

6.1.2 同时现场发现人员受伤立即向施工现场负责人报告。

6.1.3 现场负责人安排车辆将受伤人员送往就近医院治疗,并报上级主管部门。

6.2 交通事故。

6.2.1 发生交通事故时,事故单位负责人应以最快捷方式通知上级主管部门,通知内容包括:时间、地点、伤害原因、伤害人数、伤害程度等。

6.2.2 上级主管部门接到报告后须立即报告安全第一责任人及安全主管部门。

6.2.3 事故现场负责人,必须以最快的速度将伤员送至最近的医院抢救治疗,并在现场按要求摆放警示标志。

6.2.4 接到事故通知后,抢救组负责通知医院做好急救准备,迅速赶到医院,办理住院手续,同时派人及时做好伤员家属的安抚工作。

6.2.5 安全主管部门负责事故调查和现场处置。

6.3 管线连接时,发生人员坠落、落物砸伤、榔头伤人。

6.3.1 受伤较轻时,现场受过急救培训的人员立即利用现场急救包,现场进行处理。

6.3.2 受伤较重时,压裂现场负责人立即以最快捷方式通知上级主管部门,通知内容包括:时间、地点、伤害原因、伤害人数、伤害程度。

6.3.3 上级主管部门须立即报告安全第一责任人及安全主管部门。

6.3.4 事故现场负责人对受伤人员进行现场处理后,以最快速度,将伤员送至最近医院抢救治疗。

6.3.5 接到事故通知后,抢救组负责通知医院做好急救准备,办理住院手续,同时派人及时做好伤员家属的安抚工作。

6.3.6 安全主管部门负责事故调查和现场处置。

6.4 试压时造成高、低压管线破裂。

6.4.1 立即停止试压,更换破裂管线。

6.4.2 按规定对同批管线及活动弯头进行高压管汇的检测和探伤。

6.5 高压泵注。

6.5.1 高、低压管线破裂事故。

(1)泵工立刻紧急停泵。

(2)酸化压裂队作业工立刻关闭井口与管汇车之间旋塞阀。

(3)作业工立即关闭井口阀门。

(4)酸化压裂现场指挥下令更换高、低压管汇,并组织对现场进行清理。

（5）由现场领导小组决定是否继续施工。

6.5.2　堵管柱或砂堵。

（1）按现场施工工序要求降低排量，当压力超过设计最大值时，立即停泵。

（2）开井放喷，至少放出一个管串容积液量，将井筒中浓砂液放出。

（3）用基液试挤，如压力不超压，砂堵解除，可泵注一定量的冻胶液后继续加砂；如试挤压力快速上升，砂堵未解除，则停止试挤，用水或基液反循环洗井，直到洗通为止。

（4）反循环洗井，出口管线必须用硬管线连接，返出物必须进罐，现场安全员在罐口做有毒有害气体检测。

（5）洗通或放通后，由现场领导小组根据具体情况决定是否继续施工。

6.5.3　井场着火。

（1）立刻紧急熄火，停泵；混砂车操作工紧急熄火，停止供液。

（2）酸化压裂队应急小分队在现场总指挥的指挥下用车载灭火器施救。

（3）通知消防车进入现场施救。

（4）未连接管线的车辆司机立即将车辆开至安全地点。

（5）作业队立即组织人员抢关井口阀门（无保护器）。

（6）酸化压裂队立即组织作业工抢关井口与管汇之间的旋塞阀。

（7）酸化压裂队作业工从放压阀放压。

（8）各车司机、泵工配合砸开高压管线，在火情允许的情况下，将车辆开至安全地点。

（9）现场抢险组在现场总指挥的统一指挥下，配合消防队灭火。

（10）其余人员在现场总指挥的指挥下撤至安全集合点待命，并清点人数。

（11）现场负责人立即通知上级主管部门，并报告火情、地点、是否需要增援。

（12）上级主管部门立即通知第一责任人赶赴现场。

（13）安全主管部门赶赴现场处理事故。

（14）灭火中的注意事项：

① 灭火工作应采用"先控制，后灭火"的原则，防止火势蔓延和扩大。

② 现场救火人员必须在确保自身安全的情况下实施救火。

③ 火灾险情消除后，待安全人员检查现场，确认安全后，方可进行现场勘查工作。

砂罐车操作工岗位操作技术规范

① 岗位任职条件

1.1 职业道德:有较强的事业心和责任感,具有团结协作精神。

1.2 文化程度:具有中等职业学校及以上(含技校、高中)文化程度。

1.3 职业资格:具有初级工及以上技术级别岗位资格。

1.4 工作经历:从事砂罐车操作技术工作一年以上或从事一线工作累计四年以上。

1.5 相关知识、能力要求:

1.5.1 掌握电工、化学、力学基本知识,知道内燃机各系统的构造、工作原理和性能规范。

1.5.2 了解压裂支撑剂的作用,熟悉一般的压裂工艺。

1.5.3 持有有效的井控证、HSE 培训证和特殊工种操作证。

1.5.4 能够在现场应急和处理各种可能出现的情况。

1.5.5 了解砂罐车台上设备特性,并能排除所驾车辆底盘油、气、电路一般故障。

1.5.6 身体健康,能承担较繁重的工作任务。

② 岗位职责

2.1 严格遵守国家的法律、法规及企业各项规章制度。认真执行交通法规,禁止一切违章行为,确保行车安全,对职责范围内的违章行为造成的后果负责。

2.2 认真掌握本岗位的工作职责和操作规程,做到文明施工。

2.3 确认压裂施工井号、所需砂量,施工时能有效衔接砂罐车的倒换,确保施工中加砂连续。

2.4 积极参加安全培训教育,掌握本岗位所需的安全生产知识,不断提高业务素质。

2.5 爱惜设备,使车辆经常处于良好状态;冬季注意放水,以防冻坏设备;严格执行例行保养制度,确保设备安全。

2.6 认真学习本岗位的风险削减措施和公司应急反应预案中的有关规定,积极参加各项应急演练活动,提高自救互救能力,防患于未然。

2.7 做好出车前和回厂后的安全自检自查工作,不开带"病"车,保证工作任务的完成。

2.8 爱护车辆及设备,严格按保养规程巡回检查保养好设备,使设备保持良好的技术状况。

2.9 服从调度安排,按规定路线行车,不擅自变更行车路线、私自搭乘人员及货物。

2.10 认真填写好设备运行记录,各项资料齐全、准确。

2.11 保管好随车工具及附件,做到账物相符。

2.12 搞好设备卫生、环境卫生、生产卫生。

2.13 明确本岗位 QHSE 有关要求,积极参加本岗位 QHSE 教育培训。

2.14 完成上级部门及领导交办的其他工作任务。

③ 岗位巡回检查

3.1 检查路线。

底盘传动系统→电路系统→气压系统→台下发动机→消防器→液压系统→砂罐→驶离井场。

3.2 检查项目及内容。

项目	检查内容
(1) 底盘传动系统	(1) 轮胎外观有无明显磨损、有无硬物嵌入,气压是否正常。 (2) 轮胎轴头润滑油是否在 1/2 处,螺丝是否齐全、紧固。 (3) 钢板悬挂有无断裂、移位。 (4) 传动系统各传动轴螺丝是否齐全紧固,润滑良好。 (5) 刹车制动系统,手刹、脚刹及紧急制动效果是否良好。 (6) 转向系统各运动件连接是否良好、运转是否灵活,管线连接有无渗漏。 (7) 各部固定螺丝有无松动、缺失,是否牢固可靠
(2) 电路系统	(1) 蓄电池电量是否充足,电瓶接线头及固定螺丝是否牢固可靠。 (2) 仪表、灯光是否工作正常,牢固可靠。 (3) 线路有无裸露、老化、松动、打铁现象
(3) 气压系统	(1) 气路开关是否打开。 (2) 气路管路各阀件是否调整适当,各管线连接有无漏气
(4) 台下发动机	(1) 柴油箱盖是否牢固,滤网是否清洁。 (2) 冷却液有无报警。 (3) 机油面是否在油尺 FULL～ADD 之间。 (4) 空气滤清器是否清洁无污染、牢固可靠。 (5) 风扇皮带松紧是否适当。 (6) 各滤清器有无变形、渗漏、松动等现象,是否牢固可靠

续表

项目	检查内容
(5)消防器	(1)压力指针是否在绿色区域。 (2)消防器各部件是否齐全,有无缺损。 (3)固定是否牢固可靠
(6)液压系统	(1)液压油液面。 (2)液压缸及液压管线的控制开关是否灵活。 (3)装砂后,砂罐的升降
(7)砂罐	(1)砂罐内砂量符合设计要求,不潮湿。 (2)砂罐内无任何杂质或其他物品。 (3)上、下砂罐口关闭严实
(8)驶离井场	撤离井场时检查底盘制动系统、转向系统和电路系统是否正常

④ 岗位操作技术规范

4.1 发动机起动前。

4.1.1 参加每天的生产例会,接受当天的工作任务。

4.1.2 检查各液面、油面是否正常。

4.1.3 检查风扇皮带和附属装置。

4.1.4 检查喇叭、灯光和制动。

4.1.5 检查轮胎气压及所有紧固部位。

4.2 正常启动。

4.2.1 变速箱挂空挡。

4.2.2 踏下离合器踏板。

4.2.3 打开钥匙开关。

4.2.4 按压启动按钮或转动开关,驱动发动机,直到起动。

4.2.5 观察润滑油压力大约在 105 kPa。

4.2.6 油门预置到怠速 800～1 000 r/min。

4.2.7 解除停车制动。

4.3 怠速检查。

4.3.1 发动机发动后,在怠速约 600 r/min 下进行检查。

4.3.2 观察润滑油压力大约在 105 kPa,冷却液温度至少达到 71 ℃,前后气压系统压力达到 482 kPa。(两个回路的气压至少都要在 690 kPa 以上才能解除停车制动,开动车辆。)

4.3.3　以 600 r/min 怠速几分钟后,发动机转速应增加到 900～1 000 r/min,即须待温,待温不超过 5 min。

4.3.4　变速箱处于中间位置,松开离合器踏板,对变速箱润滑油进行加温。

4.3.5　车辆无人照看时,必须拉好停车制动。

4.3.6　观察各仪表是否正常。

4.4　起步。

4.4.1　踏下离合器踏板,挂一挡起步。

4.4.2　温度表及油压表达到正常后,油压大约在 200～500 kPa 方可增加挡位和加大油门。

4.5　车辆到达施工现场。

4.5.1　司机工作前必须穿戴好劳动保护用品。

4.5.2　在柴司的协助下把车停到指定位置。

4.5.3　车辆定好位,试举砂罐。

4.5.4　打开罐盖检查砂量及有无异物,向混砂车砂斗供砂。

4.6　车辆回场。

4.6.1　怠速在 1 000 r/min 让发动机运转 5 min,然后在低怠速下工作 30 s 后才能熄火。

4.6.2　设置停车制动,进行回厂检查,若发现故障应及时排除,排除不了的应及时向队里汇报。

4.6.3　冬季须放出储气罐里的水。

4.6.4　关闭窗户并锁好车门及库门。

⑤ 风险提示及控制措施

作业内容	风险提示	控制措施
出车前巡回检查	(1) 驾驶室下落压伤工作人员。 (2) 人员摔伤。 (3) 砸伤。 (4) 意外碰伤。 (5) 烫伤。	(1) 下驾驶室,必须将保险装到位,防止驾驶室落下伤人。 (2) 上下车辆必须抓牢、踩实,严禁直接跳下,防止摔伤。 (3) 检查防冻液时,必须冷却后,防止防冻液将检查人员烫伤。 (4) 检查车辆时,正确穿戴劳动保护用品,查看周围环境,防止碰伤和意外伤害

作业内容	风险提示	控制措施
行驶往返过程中	疲劳、带"病"驾驶导致交通事故	(1) 出车前做好巡回检查工作,带"病"车辆禁止出车。 (2) 严格遵守《中华人民共和国道路安全交通法》和相关交通管理规定,队车行驶,按指定路线行车、进出井场
	超速、违章、违法行驶	(1) 遵守冬季操作规定,在冰雪路面上按要求控制好车速。 (2) 严禁将车辆交他人驾驶或无证人驾驶。 (3) 按时参加施工交底,按交底路线行车,不得私自改变行车路线
	设备故障	严格执行《设备安全技术操作规程》,做好日常的巡回检查
	行驶途中支撑剂泄漏	支撑剂装完后,检查罐盖以及闸门,使其齐全有效
	危险品运输中发生泄漏或静电打火	(1) 定期对罐体进行检测。 (2) 使用安全可靠的闸阀。 (3) 密闭运输。 (4) 正确使用静电接地保护装置
车辆现场摆放	车辆碰挂、人员伤害、损坏井场设施	(1) 车辆进入井场时,观察周围环境(电线、油井设施、地桩),防止损坏井场设施。 (2) 车辆进入施工场地,队长根据井场情况依次将车辆指定到位避免车辆碰挂。 (3) 车辆摆放连接时必须有车组人员依次指挥,防止人员受伤或车辆相挂
	乱停乱放,非本岗位人员开启闸门	(1) 使用危险品运输标志。 (2) 严禁满载车辆停放在闹市区或人口密集地。 (3) 驾驶员坚守岗位,不得随意离开
	砂罐车举升、砂罐举升后未放下就起步,挂断电线或通讯线	严格按照《设备安全技术操作规程》执行
回厂后巡回检查	(1) 驾驶室下落伤人。 (2) 人员摔伤。 (3) 砸伤。 (4) 意外碰伤。 (5) 烫伤	(1) 下驾驶室,必须将保险装到位,防止驾驶室落下伤人。 (2) 上、下车辆必须抓牢、踩实,严禁直接跳下,防止摔伤。 (3) 检查防冻液时,必须在冷却后进行,防止防冻液将检查人员烫伤。 (4) 检查车辆时,正确穿戴劳动保护用品,查看周围环境,防止碰伤和意外伤害

⑥ 施工过程中风险应急处理的一般措施

主要概述施工过程中发生危险情况时,施工人员应迅速做出应急反应,以及处理风险的一般措施。

6.1 酸蚀。

6.1.1 发生人员被酸灼伤时,立即将被灼伤人员带领到清水和苏打水摆放处,用清水和苏打水清洗被灼伤人员的受伤处。

6.1.2 同时现场发现人员受伤立即向施工现场负责人报告。

6.1.3 现场负责人安排车辆将受伤人员送往就近医院治疗,并报上级主管部门。

6.2 交通事故。

6.2.1 发生交通事故,事故单位负责人以最快捷方式通知上级主管部门,通知内容包括:时间、地点、伤害原因、伤害人数、伤害程度等。

6.2.2 上级主管部门接到报告后须立即报告安全第一责任人及安全主管部门。

6.2.3 事故现场负责人必须以最快的速度,将伤员送至最近的医院抢救治疗,并在现场按要求摆放警示标志。

6.2.4 接到事故通知后,抢救组负责通知医院做好急救准备,迅速赶到医院,办理住院手续,同时派人及时做好伤员家属的安抚工作。

6.2.5 安全主管部门负责事故调查和现场处置。

6.3 管线连接时,发生人员坠落、落物砸伤、榔头伤人。

6.3.1 受伤较轻时,现场受过急救培训的人员立即利用现场急救包,现场进行处理。

6.3.2 受伤较重时,压裂现场负责人立即以最快捷方式通知上级主管部门,通知内容包括:时间、地点、伤害原因、伤害人数、伤害程度。

6.3.3 上级主管部门须立即报告安全第一责任人及安全主管部门。

6.3.4 事故现场负责人对受伤人员进行现场处理后,以最快速度将伤员送至最近医院抢救治疗。

6.3.5 接到事故通知后,抢救组负责通知医院做好急救准备,办理住院手续,同时派人及时做好伤员家属的安抚工作。

6.3.6 安全主管部门负责事故调查和现场处置。

6.4 试压时造成高、低压管线破裂。

6.4.1 立即停止试压,更换破裂管线。

6.4.2 按规定对同批管线及活动弯头进行高压管汇的检测和探伤。

6.5 高压泵注。

6.5.1 高、低压管线破裂事故。

（1）泵工立刻紧急停泵。

（2）酸化压裂队作业工立刻关闭井口与管汇车之间的旋塞阀。

（3）作业工立即关闭井口阀门。

（4）酸化压裂现场指挥安排更换高、低压管汇，并组织对现场进行清理。

（5）由现场领导小组决定是否继续施工。

6.5.2 堵管柱或砂堵。

（1）按现场施工工序要求降低排量，当压力超过设计最大值时，立即停泵。

（2）开井放喷，至少放出一个管串容积的液量，将井筒中浓砂液放出。

（3）用基液试挤，如压力不超压，砂堵解除，可泵注一定量的冻胶液后继续加砂；如试挤压力快速上升，砂堵未解除，则停止试挤，用水或基液反循环洗井，直到洗通为止。

（4）反循环洗井，出口管线必须用硬管线连接，返出物必须进罐，现场安全员在罐口做有毒有害气体检测。

（5）洗通或放通后，由现场领导小组根据具体情况决定是否继续施工。

6.5.3 井场着火。

（1）立刻紧急熄火，停泵；混砂车操作工紧急熄火，停止供液。

（2）压裂队应急小分队，在现场总指挥的指挥下用车载灭火器施救。

（3）通知消防车进入现场施救。

（4）未连接管线的车辆司机立即将车辆开至安全地点。

（5）作业队立即组织人员抢关井口阀门（无保护器）。

（6）酸化压裂队立即组织作业工抢关井口与管汇之间的旋塞阀。

（7）酸化压裂队作业工从放压阀放压。

（8）各车司机、泵工配合砸开高压管线，在火情允许的情况下，将车辆开至安全地点。

（9）现场抢险组在现场总指挥的统一指挥下，配合消防队灭火。

（10）其余人员在现场总指挥的指挥下撤至安全集合点待命，并清点人数。

（11）现场负责人立即通知上级主管部门，并报告火情、地点、是否需要增援。

（12）上级主管部门立即通知第一责任人赶赴现场。

（13）安全主管部门赶赴现场处理事故。

（14）灭火中的注意事项：

① 灭火工作应采用"先控制，后灭火"的原则，防止火势蔓延和扩大。

② 现场救火人员必须在确保自身安全的情况下实施救火。

③ 火灾险情消除后，待安全人员检查现场，确认安全后，方可进行现场勘查工作。

管汇车操作工岗位操作技术规范

① 岗位任职条件

1.1 职业道德:有较强的事业心和责任感,团结协作,顾全大局。

1.2 文化程度:具有中等职业学校及以上(含技校、高中)文化程度。

1.3 职业资格:具有初级及以上相关专业技术岗位任职资格。

1.4 工作经历:从事管汇车操作技术工作一年以上或从事一线工作累计四年以上。

1.5 相关知识、能力要求:

1.5.1 掌握各种高、低压管线的规格、技术性能、承压能力、丝扣类型、连接形式。

1.5.2 知道机械、液压常识,懂得一般油品和水的常识及电工知识。

1.5.3 了解压裂中排量、压力与管线连接的关系。

1.5.4 掌握各种丝扣、密封圈的保养维护知识。

1.5.5 掌握管汇车液吊的操作及伸缩臂的额定负荷。

1.5.6 能正确处理施工中管汇出现的一般问题。

1.5.7 持有有效的井控证、HSE 培训证和特殊工种操作证。

1.5.8 身体健康,能够适应本岗位对身体状况的要求。

② 岗位职责

2.1 负责管汇车管汇的连接和吊卸,保证压裂任务顺利完成。

2.2 坚持"十字"作业,严格按操作规程、保养规程、巡回检查图及润滑点图操作及保养维护设备。

2.3 负责本岗易损件的更换和高压管汇、高压弯头的定期保养。

2.4 检查高低压管汇、弯头、堵头、由壬(固定环)等各部件齐全,并保持完好。

2.5 负责保管好随车工具、井口连接法兰、投球器等附件。

2.6 负责对试压泵的使用操作和维护。

2.7 负责定期对管汇进行无损探伤检测,可采用目测、超声波或机械方法测量壁厚。

2.8 施工中要对所管辖的管线进行巡视,如有异常,立即报告施工现场指挥。

2.9 施工后,对管线及工具附件进行清理,检查并保管好。

2.10 熟悉并掌握作业场所和工作岗位存在的危险点源、风险控制措施及相应的应急预案,在紧急情况发生时能够按应急计划的要求迅速撤离或投入急救工作。

2.11 有权拒绝违章指挥,严禁违章操作,并对违章行为有制止、监督、举报的权利。

2.12 接受 QHSE 培训,执行体系规定,并穿戴好劳动保护用品。

2.13 及时认真地填写本岗位的有关安全资料及设备运转记录。

2.14 完成上级部门及领导交办的其他工作。

③ 岗位巡回检查

3.1 检查路线。

液压油箱及液吊系统→电路系统→气压系统→发动机→变速箱→管汇及附件。

3.2 检查项目及内容。

项目	检查内容
(1) 液压油箱及液吊系统	(1) 液压油箱油面及油质。 (2) 液压管线是否磨损,液压缸是否渗漏。 (3) 各控制阀是否在正常位置。 (4) 外伸千斤顶锁定情况。 (5) 吊臂锁定情况,钢丝绳是否拉紧
(2) 电路系统	(1) 蓄电池电量是否充足,接线柱有无松动、锈蚀,液面是否高出极板 10～15 mm。 (2) 各仪表、灯光工作是否正常。 (3) 各线路有无裸露、老化、松动、短路现象
(3) 气压系统	(1) 气路系统压力是否为 0.8 MPa。 (2) 各阀件调整是否适当,各管线连接有无漏气
(4) 发动机	(1) 冷却液面是否到出口处。 (2) 机油面是否在油尺上下刻线间。 (3) 空气滤清器是否清洁无污染。 (4) 传动皮带松紧是否适当,能否下压传动皮带达 3～4 mm
(5) 变速箱	(1) 变速箱冷油面是否达到油眼表满位,热车油面是否达到油眼表中位。 (2) 换挡阀是否置于空挡。 (3) 分动箱"动力切换"手柄是否置"行车"位置,并固定好定位销
(6) 管汇及附件	(1) 高压弯头数量及固定情况,高压管线摆放情况,高压三通摆放情况。 (2) 管汇放置有无伸出车外等情况。 (3) 投球器座固定情况。 (4) 主管汇摆放情况,低压管汇箱摆放固定情况,梯子及各工具箱锁情况

第一方位：六项八点
1. 油箱；
2. 弯头数量及固定情况，高压管线摆放情况，高压三通摆放情况；
3. 器座固定情况；
4. 管汇塑摆放情况；
5. 管汇箱摆放固定情况；
6. 各工具箱箱锁情况

第二方位：四项六点
1. 千斤顶锁定情况；
2. 管线是否磨损，液压缸是否渗漏，
3. 锁定情况，钢丝绳是否拉紧；
4. 密封阀是否在正常位置

管汇车台上巡回检查图（以 HES-15000 管汇车为例）

共二方位十项十四点

4 岗位操作技术规范

4.1　出车前的准备。

4.1.1　对整车进行全性能检查。

4.1.2　检查液压油液面。

4.1.3　确定高压管汇及附件固定情况。

4.1.4　检查施工所需要的各种连接件、井口法兰等配件及工具是否齐全。

4.2　施工前准备。

4.2.1　必须穿戴好劳动保护用品,安全措施齐全。

4.2.2　施工中注意安全,做到三不伤害。

4.2.3　车辆进入施工场地后,根据现场指挥的命令将车辆停放到指定位置。

4.2.4　管汇车车体平稳摆放,不允许车辆倾斜。

4.2.5　检查吊臂及吊装管汇举升、旋转范围内有无妨碍或危险建筑及物品。

4.2.6　伸出液压千斤顶,将车架平稳托起。

4.2.7　支腿千斤顶未平稳触及地面前,严禁吊起任何东西。

4.2.8　吊装作业期间重物下严禁站人,严禁超载吊装作业。

4.2.9　将高压管线及管汇筐吊放于不妨碍施工的地方。

4.2.10　查看各单流阀、旋塞阀是否完好,检查车装管线是否松动,各阀门是否开关自如。

4.2.11　与作业工配合连接好本岗位的高、低压管线。

4.2.12　检查与施工指挥的通讯设备是否灵敏。

4.3　施工操作。

4.3.1　起吊系统的操作。

4.3.1.1　根据施工现场,选择停车位置。

4.3.1.2　挂合PTO启动液压油泵,把发动机油门调整到合适位置。

4.3.1.3　铺好垫木,伸出千斤顶,调整并保持车身处于水平状态。

4.3.1.4　操作绞盘之前,确定钢丝绳从吊臂放出。

4.3.2　吊臂的操作。

4.3.2.1　操作伸缩臂的控制阀,使伸缩臂完全收缩。

4.3.2.2　操作外臂控制阀,使外臂向上、下翻转。

4.3.2.3　操作内臂控制阀,起升内臂,使内臂平稳伸开。

4.3.3　吊重。

4.3.3.1　熟练、准确、平稳地操作内、外臂和伸长臂的控制阀。

4.3.3.2　吊杆的旋转范围内严禁站人和停放设备。

4.3.3.3　回转和伸长:操作回转手柄,吊臂左右旋转360°,操作伸长手柄,可使吊臂伸长8.5 m,手动伸长4 m。

4.3.3.4　收回吊臂的动作与展开吊臂的动作相反。

4.3.3.5　收起支腿,松开手油门,断开取力器。

4.3.4　试压泵的使用操作。

4.3.4.1　把取力器的控制手柄放到工作位置,打开气瓶供气阀给增压泵供气。

4.3.4.2　接通水源。

4.3.4.3　用离心泵将试压管线装满水。

4.3.4.4　开动空气增压泵,根据施工设计的有关参数对管汇试压到预定值。

4.3.4.5　观察压力表上试压值的下降情况,找出管汇的泄压点,泄压整改后重新试压,直到达到要求为止。

4.3.4.6　停泵,泄压,关闭气瓶供气阀,断开取力器。

4.3.5　施工。

4.3.5.1　在液体循环时,要巡视高、低压管汇四周是否有渗漏的地方,有问题立即整改。

4.3.5.2　正常施工中要远离高压区,并对高、低压管汇进行巡视,查看是否有刺漏,如有则立即向施工指挥报告。

4.4　施工结束。

4.4.1　压裂完成后,放掉高、低压管线的压力,并将所有管线内的液体放干净。

4.4.2　拆掉高、低压管线,回收管线内的残液。

4.4.3　清点施工所用附件及工具,并将其附件及工具都放入工具篮内。

4.4.4　由下至上,按顺序将工具篮及高、低压管汇吊放到台架的合适位置,上好销子。

4.4.5　收好吊车及支架。

4.4.6　对高低压管线、弯头及各高压组件、井口连接法兰进行清洁保养。

4.4.7　回厂后,按巡回检查图表对设备进行巡回检查,发现问题及时整改,解决不了的要及时向队里汇报。

(5) 风险提示及控制措施

工作内容	风险提示	产生的原因	控制措施
施工准备及回厂检查	人员伤害、设备隐患影响施工质量	岗位责任心不强，巡回检查不到位	(1) 各岗位严格执行《岗位操作技术规范》和《设备安全技术操作规程》。 (2) 施工前必须召开技术、安全交底和分工会议，明确施工指挥者、主操作手和其他岗位负责人，了解施工程序、施工参数、技术要求和安全注意事项
施工往返过程	交通事故	违章行驶	严格执行《中华人民共和国道路交通安全法》，队车行驶，控制车速，保证设备安全
管线连接与拆卸	人员坠落、落物砸伤、意外伤害、设备损坏	岗位责任心不强，违章操作	遵守《酸化压裂施工安全管理规定》和《设备安全技术操作规程》
循环	管线不畅通发生爆裂、人员受伤、设备损坏	岗位责任心不强，违章操作	连接前检查管线通畅情况，循环时将闸门开启；设定超压保护
试压	高、低压管线破裂	未按规定进行高压管汇的检测	(1) 执行《高压管汇管理规定》，各泵车按施工要求设置超压保护。 (2) 试压值以施工设计为准，试压时保持5 min不刺不漏为合格
泵注过程	堵管柱或砂堵	人员误操作，设备故障	(1) 按设计和现场指挥要求施工；所有岗位人员必须听从施工指挥一人发出的指令。 (2) 维护好设备
	酸蚀	酸液飞溅，罐阀门或管线腐蚀	(1) 定期对高、低压管汇进行检测，保证无刺漏。 (2) 所有施工人员，应严格按规定穿戴好劳动保护用品
	井场着火	油基压裂液施工过程中，泵送系统发生泄漏	(1) 油基压裂时高压检测中心要对管汇进行检测，以保证无刺漏。 (2) 严禁烟火，地面消防设施必须完好齐全
	听力损伤	未正确使用劳动保护用品	施工现场佩戴防噪音耳塞或对讲机

续表

工作内容	风险提示	产生的原因	控制措施
泵注过程	源辐射	源泄漏、辐射	加入防护屏障,非工作人员远离放射源,工作人员连接数据线后快速撤离。施工完毕后及时关闭放射源闸板
	井口、高压管线刺漏伤人	无安全标识	(1) 必须有安全警告牌、警示带和风向标。 (2) 明确发生故障和危险的紧急措施,以及安全撤离路线。 (3) 非岗位操作人员,一律不允许进入高压区
施工结束	现场遗留废弃物	环境污染	(1) 生活垃圾和工业垃圾集中收藏,施工残液按上级主管部门技术人员指定地点排放。 (2) 如施工过程中发生液体刺漏或油料泄漏,应采取措施妥善处理,避免发生污染事故

⑥ 施工过程中风险应急处理的一般措施

主要概述施工过程中发生危险情况时,施工人员应迅速做出应急反应,以及处理风险的一般措施。

6.1 酸蚀。

6.1.1 发生人员被酸灼伤时,立即将被灼伤人员带领到清水和苏打水摆放处,用清水和苏打水清洗被灼伤人员的受伤处。

6.1.2 现场发现人员受伤立即向施工现场负责人报告。

6.1.3 现场负责人安排车辆将受伤人员送往就近医院治疗,并报上级主管部门。

6.2 交通事故。

6.2.1 发生交通事故,事故单位负责人以最快捷方式通知上级主管部门,通知内容包括:时间、地点、伤害原因、伤害人数、伤害程度等。

6.2.2 上级主管部门接到报告后须立即报告安全第一责任人及安全主管部门。

6.2.3 事故现场负责人必须以最快的速度,将伤员送至最近的医院抢救治疗,并在现场按要求摆放警示标志。

6.2.4 接到事故通知后,抢救组负责通知医院做好急救准备,迅速赶到医院,办理住院手续,同时派人及时做好伤员家属的安抚工作。

6.2.5 安全主管部门负责事故调查和现场处置。

6.3 管线连接时,发生人员坠落、落物砸伤、榔头伤人。

6.3.1 受伤较轻时,现场受过急救培训的人员立即利用现场急救包,现场进行处理。

6.3.2　受伤较重时,压裂现场负责人立即以最快捷方式通知上级主管部门,通知内容包括:时间、地点、伤害原因、伤害人数、伤害程度。

6.3.3　上级主管部门须立即报告安全第一责任人及安全主管部门。

6.3.4　事故现场负责人对受伤人员进行现场处理后,以最快速度将伤员送至最近医院抢救治疗。

6.3.5　接到事故通知后,抢救组负责通知医院做好急救准备,办理住院手续,同时派人及时做好伤员家属的安抚工作。

6.3.6　安全主管部门负责事故调查和现场处置。

6.4　试压时造成高、低压管线破裂,立即停止试压,更换破裂管线。

6.5　高压泵注。

6.5.1　高、低压管线破裂事故。

(1)立刻紧急停泵。

(2)酸化压裂队作业工立刻关闭井口与管汇车之间的旋塞阀。

(3)作业工立即关闭井口阀门。

(4)酸化压裂现场指挥指挥更换高、低压管汇,并组织对现场进行清理。

(5)由现场领导小组决定是否继续施工。

6.5.2　堵管柱或砂堵。

(1)按现场施工工序要求降低排量,当压力超过设计最大值时,立即停泵。

(2)开井放喷,至少放出一个管串容积的液量,将井筒中浓砂液放出。

(3)用基液试挤,如压力不超压,砂堵解除,可泵注一定量的冻胶液后继续加砂;如试挤压力快速上升,砂堵未解除,则停止试挤,用水或基液反循环洗井,直到洗通为止。

(4)反循环洗井,出口管线必须用硬管线连接,返出物必须进罐,现场安全员在罐口做有毒有害气体检测。

(5)洗通或放通后,由现场领导小组根据具体情况决定是否继续施工。

6.5.3　井场着火。

(1)立刻紧急熄火,停泵;混砂车操作工紧急熄火,停止供液。

(2)酸化压裂队应急小分队,在现场总指挥指挥下用车载灭火器施救。

(3)通知消防车进入现场施救。

(4)未连接管线的车辆司机立即将车辆开至安全地点。

(5)作业队立即组织人员抢关井口阀门(无保护器)。

(6)酸化压裂队立即组织作业工抢关井口与管汇之间的旋塞阀。

(7)酸化压裂队作业工从放压阀放压。

(8)各车司机、泵工配合砸开高压管线,在火情允许的情况下,将车辆开至安全地点。

（9）现场抢险组在现场总指挥的统一指挥下，配合消防队灭火。

（10）其余人员在现场总指挥的指挥下撤至安全集合点待命，并清点人数。

（11）现场负责人立即通知上级主管部门，并报告火情、地点、是否需要增援。

（12）上级主管部门立即通知第一责任人赶赴现场。

（13）安全主管部门赶赴现场处理事故。

（14）灭火中的注意事项：

① 灭火工作应采用"先控制，后灭火"的原则，防止火势蔓延和扩大。

② 现场救火人员必须在确保自身安全的情况下才能救火。

③ 火灾险情消除后，待安全人员检查现场，确认安全后，方可进行现场勘查工作。

混砂车操作工岗位操作技术规范

① 岗位任职条件

1.1 职业道德:有较强的事业心和责任感,遵纪守法,团结协作,顾全大局。

1.2 文化程度:具有机械、柴司、采油工程类中等职业学校以上(含技校、高中)文化程度。

1.3 职业资格:具有初级工及以上相关专业技术岗位任职资格。

1.4 工作经历:从事混砂车操作技术工作一年以上或从事一线工作累计四年以上。

1.5 相关知识、能力要求:

1.5.1 了解机械、采油工程基础知识,懂得一般油品和水的常识及电工知识。

1.5.2 掌握混砂车的技术性能,工作能力,操作模式,各系统动力传输方式、结构、作用和原理。

1.5.3 掌握酸化压裂作业对混砂车的基本要求,熟悉一般的酸化压裂工艺。

1.5.4 熟悉密度计的调试、使用及注意事项。

1.5.5 能独立操作和保养混砂车,并能够在现场应急和处理各种可能出现的情况。

1.5.6 掌握本岗位一般事故的预防、判断和处理方法。

1.5.7 持有有效的井控证、HSE 培训证和特殊工种操作证。

1.5.8 身体健康,能够适应本岗位对身体状况的要求。

② 岗位职责

2.1 认真学习公司 QHSE 方针、目标和承诺,学习本岗位技能知识,遵章守纪。

2.2 负责混砂车操作室、吸入泵、排出泵、混砂罐、输砂器和各种添加剂泵的操作运行,严格按混砂车操作规程进行操作。

2.3 爱护设备,严格按保养规程、巡回检查图及润滑点图保养好设备,使设备保持良好的技术状况。

2.4 严格遵守设备安全操作规程和技术标准,正确操作设备;不违章操作,有权拒绝违章指挥。

2.5 负责混砂车操作系统的日常检查、保养及维护,确保流量计、砂密度计工作正常。

2.6 负责混砂车摆车定位和系统连接,保持进液输入系统、混液输出系统及干粉添加剂、液体添加剂系统清洁无阻,动力传递固定牢靠,闸门开关灵活。

2.7 施工前明确酸化压裂设计参数及压裂车台数,如排量、砂量及砂类型,并按要求调好密度计挡位,选择所用流量计尺寸。

2.8 平稳操作设备,按设计要求平稳加砂,严禁自作主张随意改变含砂浓度,防止砂堵事故的发生。

2.9 施工中,严格按施工设计选好模式。听从指挥,平稳操作,控制液面,避免因供液不足引起大泵抽空。

2.10 负责台上柴油机例保、一保,坚持"十字"作业,搞好设备所需油、水管理。

2.11 负责组织低压管汇或大罐到混砂车、混砂车到高压管汇的低压管线连接,做到进出口管汇连接牢固,不刺不漏。

2.12 了解本岗位存在的风险、可能导致的危害和不安全因素,发现并立即排除事故隐患,不能排除时向队领导和 HSE 监督员报告。

2.13 积极参加本单位的 HSE 活动,接受 HSE 培训,按规定穿戴劳动保护用品。

2.14 负责保管好随机工具、附件和施工后残液的回收处理。

2.15 及时认真地填写本岗位的有关安全资料及设备运转记录。

2.16 完成上级部门及领导交办的其他工作。

③ 岗位巡回检查

3.1 检查路线。

底盘传动系统→电路系统→液压系统→气压系统→台下发动机→台上发动机→灭火器→工具及其固定摆放→接地线、接地杆。

3.2 检查项目及内容。

项目	检查内容
(1)底盘传动系统	(1)轮胎外观有无明显磨损、硬物嵌入,气压是否正常。 (2)轮胎轴头润滑油是否在 1/2 处,螺丝是否齐全、紧固。 (3)钢板有无断裂、移位。 (4)传动系统各传动轴螺丝是否齐全紧固、润滑良好。 (5)刹车制动,手刹、脚刹及紧急制动效果是否良好。 (6)转向系统各运动件连接是否良好、运转是否灵活,管线连接有无渗漏。 (7)各部固定螺丝有无松动、缺失,是否牢固可靠
(2)电路系统	(1)蓄电池是否接通总电源开关,打开显示屏,查看电表显示为 12 V,表示正常;电瓶接线头及固定螺丝是否牢固可靠。 (2)各仪表、灯光工作是否正常、牢固可靠。 (3)各线路有无裸露、老化、松动、短路现象

续表

项目	检查内容
(3) 液压系统	(1) 液压油面是否在油尺上的 HIGHT～LOW 之间。 (2) 液压管路各阀件调整是否适当,各管线连接有无渗漏
(4) 气压系统	(1) 气路开关是否打开。 (2) 气路管路各阀件调整是否适当,各管线连接有无漏气
(5) 台下发动机	(1) 柴油箱箱盖是否牢固,滤网是否清洁。 (2) 冷却液有无报警。 (3) 机油面是否在油尺 FULL～ADD 之间。 (4) 空气滤清器是否清洁无污染,牢固可靠。 (5) 风扇皮带是否松紧适当。 (6) 各滤清器有无变形、渗漏、松动等现象,是否牢固可靠
(6) 台上发动机	(1) 台上发动机的机油油面是否在标尺上的 FULL～ADD 之间。 (2) 台上发动机防冻液液面与水箱上的水池是否持平。 (3) 液压油面是否在油箱观测仪上的 HIGHT～LOW 之间。 (4) 台上发动机曲轴带松紧度是否在两轮中间下按皮带到 1.5 cm。 (5) 各滤清器有无变形、渗漏、松动等现象,是否牢固可靠。 (6) 各管线各阀件调整是否适当、各管线连接有无渗漏,是否牢固可靠。 (7) 各部固定螺丝有无松动、缺失,是否牢固可靠。 (8) 吸入泵连接盘及盘根是否紧固,必要时扭紧或更换盘根。 (9) 输砂斗内有无杂物,两个输砂器的固定销是否定位。 (10) 三个化学添加剂泵的固定情况,以及 2 号化学添加剂泵润滑油是否在 2/3 以上
(7) 灭火器	(1) 压力指针是否在正常的绿色区域。 (2) 灭火器各部件是否齐全,无缺损。 (3) 灭火器是否固定牢固可靠
(8) 工具及固定摆放	(1) 工具规格、数量符合配备标准。 (2) 工具摆放在指定位置。 (3) 工具固定牢靠
(9) 接地线、接地杆	接地线、接地杆固定牢靠

第一方位：二项三点
1. 液压油油箱油位，吸入泵机油油位；
2. 备胎架

第二方位：三项四点
1. 灭火器；
2. 操作面板固定情况；
3. 液体添加剂供液泵固定情况，液体添加剂罐固定情况

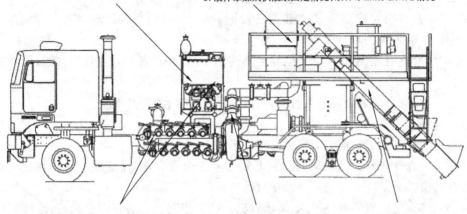

第五方位：四项七点
1. 柴油机水箱，风扇皮带，柴油机机油油位；
2. 正常熄火器，紧急熄火器；
3. 电瓶；
4. 排出管汇固定情况

第四方位：四项四点
1. 液体添加剂泵固定情况；
2. 密度计固定及锁定情况；
3. 流量计固定情况；
4. 液压油散热器固定情况

第三方位：三项三点
1. 输砂器锁定情况；
2. 干粉泵固定情况；
3. 接地线、接地杆固定情况

车台上巡回检查图（以 CHBFT100 混砂车为例）

共五方位十六项二十一点

④ 岗位操作技术规范

4.1 出车前的准备。

4.1.1 查看混砂车维修保养记录。如需要进行作业前的维护保养，应更换机油、润滑剂、滤清器或其他部件等。

4.1.2 检查台上及台下发动机的燃油、机油和冷却液液位是否正常。

4.1.3 检查所需各种管线的数量是否满足施工所用，并用链条将管线固定在车上。

4.1.4 检查所有接头、软管、工具是否齐全，并放到指定位置。

4.1.5 检查安全设备是否齐全，如：劳动保护用品，太阳伞，酸化时佩戴的防护面具、护目镜、胶手套。

4.1.6 检查各液压泵、液压马达和软管及接头是否渗漏、破损或起泡；检查液压油液位及液压油外观，油呈黄色或白色表明有水进入液压系统，要更换油和滤清器。

4.1.7 巡查混砂车有无损坏的部件以及液体泄漏，如有先修理后补充；轴密封附近有无泄漏，必要时修理或更换轴承。

4.1.8 检查所有的气管线、电线及电缆是否破损，放出储气罐中的水。

4.1.9　检查吸入泵、排出泵、液体化学添加剂泵、干粉添加剂泵是否渗漏损坏,外壳有无裂痕。

4.1.10　检查输砂器是否完好,砂斗里面有杂物时需要清理干净。

4.1.11　检查吸入管汇、排出管汇是否渗漏破损,各阀门是否好用、密封,特别是吸入端的各阀,因吸入端为真空端。

4.1.12　检查混砂罐,里面如有杂物需要清理干净,并检查其外表是否渗漏,放空阀是否好用。

4.1.13　检查自动加油器筒是否完好,黄油是否足够,需要则添加。

4.2　现场施工前的准备。

4.2.1　操作人员工作前必须穿戴好劳动保护用品。

4.2.2　检查井场有无泥浆坑、地桩、电线等不安全因素,确保混砂车能顺利驶入井场,进入摆放位置。

4.2.3　按指定位置停放好车辆,摘挡,熄火,拉紧手刹。一般在作业现场,混砂车应停在接近支撑剂和压裂液的地方。

4.2.4　若到现场行驶路程长或在现场停放,作业前应再次检查燃油、机油和水的位置,巡查混砂车有无损坏的部件。

4.2.5　关闭上一次作业后打开的放泄阀,放泄阀位于管汇、吸入和排出泵、液体添加剂泵及罐上。

4.2.6　封隔吸入端和排出端,这里指能从两边中的任一边吸入或排出的混砂车。

4.2.7　检查大罐阀门和由壬,一定要确认大罐蝶阀起作用。阀是否起作用可通过转动阀柄感受到力的大小来判断,否则不能连接软管线或卸下堵头。

4.2.8　连接吸入软管,管线连接牢固可靠,无刺漏;在大罐或低压连通器到混砂车间应有合适数量的 4 in 吸入软管来连接,且这些软管应尽可能短。对于清水或低浓度凝胶,4 in 低压管线单根排量应控制在 1.5 m^3/min 以下;对于高浓度凝胶,单根排量应控制在1.0 m^3/min 以下。

4.2.9　吸入软管充液排空,检查是否有泄漏。

4.2.10　连接排出管线,管线连接牢固可靠,无刺漏;在混砂车到高压管汇之间应由合适数量的 4 in 排出软管来连接,且这些软管应尽可能短,4 in 排出管线单根排量应控制在1.5 m^3/min 以下。

4.2.11　选择合适的流量计。低排量作业时,选择 4 in(102 mm) 流量计;高排量作业时,选择 8″(203 mm) 流量计。

4.2.12　连接接地线、接地杆。

4.2.13　连接混砂车与仪表车控制线,或用数据传输网络线将混砂车数据输出接口和压裂车数据输入接口连接。

4.2.14　卡车变速箱排挡应放在空挡位置上,启动底盘发动机,然后挂上分动箱(PTO),把变速箱排挡拨至合适的挡位,这时发动机动力只驱动液泵转动。

4.2.15　打开操作台上的控制箱,接通总电源,打开自控显示器,检查台下转速表,800~1 000 r/min 为正常,将台下发动机转速增加到 1 500~1 800 r/min,启动台上发动机。

4.2.16　螺旋输砂器的安放:拉开输砂斗左右的固定销,打开升降器开关,将输砂斗降到一定位置。

4.2.17　检查各液压泵运转情况、输砂器运转情况、混合罐内的叶轮转动情况、吸入泵和排出泵运转情况及液压油冷却风扇。

4.2.18　打开控制面板检查自动控制系统,手控和自控均要试验,然后将手控开关拨至自控位。

4.3　正常施工操作。

4.3.1　检查与施工指挥的通讯系统是否畅通,对讲机是否好用。

4.3.2　自动控制操作程序设置:参数单位转换,打开主吸入阀,完成自动液面设置,打开吸入泵和排出泵,完成自动加砂设置、砂比设置、干粉添加泵设置、液体添加泵设置、检查设置。

4.3.3　自动工作设置完毕后,检查界面设置是否按施工要求正确输入,检查各仪表显示是否正常,确认后再进行正常施工。

4.3.4　接到现场指挥施工命令后,立即给压裂泵供液,观察混砂液罐的液面情况,看是否是工作前设定的液面,如果液面偏低应及时使用自动微调开关,保持混砂罐液面正常。

4.3.5　根据施工要求,用所选添加剂泵打交联剂,施工中要及时添补液体添加剂泵润滑油,油面保持在 1/2 处。

4.3.6　加砂开始后,要保持加砂斗始终充满,加入支撑剂时在不超过 500 kg/min 时,可打开单输砂器进行工作。在大于 500 kg/min 时,可打开双输砂器同时进行工作。

4.3.7　根据施工要求选用干粉添加剂泵。

4.3.8　砂子进入混合罐前,打开搅拌器,使之旋转到砂子加完为止。

4.3.9　观察密度计和操作面板密度,使两处显示值之差不超过 20 kg/m³,泵液过程中要保证压裂泵不抽空。

4.4　施工结束后。

4.4.1　加完支撑剂后关闭输砂器。

4.4.2　在控制面板上将液体添加剂泵开关扳下,停止全部自动设置。

4.4.3　用清水循环压裂泵及各管线,然后停止吸入泵及排出泵,关闭所有进排出水闸门。

4.4.4 提起输砂器到行车位置插上固定销(严禁高速)。

4.4.5 降低发动机转速。台上发动机转速降至 800 r/min,台下发动机转速降至 900 r/min。

4.4.6 将台上发动机熄火,关闭电源前与仪表车取得联系,待施工数据录取完毕后,关掉自控箱电源,然后关闭总电源。

4.4.7 摘掉PTO,将排挡杆拨至空挡位。

4.4.8 关闭密度计,卸除仪表线,整理回收数据传输网络线及接地线、接地杆。

4.4.9 与司机协作拆除管线,将混合罐、泵腔及管线内残液排放干净,用残液桶接残液,并倒置在上级主管部门指定位置。

4.4.10 将接头、软管、工具等收回,撤离井场。

4.4.11 回厂后,按巡回检查图表对设备进行巡回检查,发现问题及时整改,解决不了的要及时向队里汇报。

⑤ 风险提示及控制措施

工作内容	风险提示	产生的原因	控制措施
施工准备及回厂检查	人员伤害、设备隐患影响施工质量	岗位责任心不强,巡回检查不到位	(1)各岗位严格执行《岗位操作技术规范》和《设备安全技术操作规程》。(2)施工前必须参加技术、安全交底和分工会议,明确施工指挥者、主操作手和其他岗位负责人,了解施工程序、施工参数、技术要求和安全注意事项
施工往返过程	交通事故	违章行驶	严格执行《中华人民共和国道路交通安全法》,队车行驶,控制车速,保证设备安全
管线连接与拆卸	人员坠落、落物砸伤、意外伤害、设备损坏	岗位责任心不强,违章操作	遵守《酸化压裂施工安全管理规定》和《设备安全技术操作规程》
循环	管线不畅通发生爆裂、人员受伤、设备损坏	岗位责任心不强,违章操作	连接前检查管线通畅情况,循环时将闸门开启;设定超压保护
试压	高低压管线破裂	未按规定进行高压管汇的检测	(1)执行《高压管汇管理规定》,各泵车按施工要求设置超压保护。(2)试压值以施工设计为准,试压时保持稳压 5 min不刺不漏为合格

续表

工作内容	风险提示	产生的原因	控制措施
泵注过程	堵管柱或砂堵	人员误操作,设备故障	(1) 按设计和现场指挥要求施工;所有岗位人员必须听从施工指挥一人发出的指令。 (2) 维护好设备
	酸蚀	酸液飞溅、罐阀门或管线腐蚀	(1) 定期对高低压管汇进行检测保证无刺漏。 (2) 所有施工人员,应严格按规定穿戴好劳动保护用品
	井场着火	油基压裂液施工过程中,泵送系统发生泄漏	(1) 油基压裂时高压检测中心要对管汇进行检测,以保证无刺漏。 (2) 严禁烟火,地面消防设施必须完好齐全
	听力损伤	未正确使用劳动保护用品	施工现场佩戴防噪音耳塞或对讲机
	源辐射	源泄漏、辐射	加入防护屏障,非工作人员远离放射源,工作人员连接数据线后快速撤离。施工完毕后及时关闭放射源闸板
	井口、高压管线刺漏伤人	无安全标识	(1) 必须有安全警告牌、警示带和风向标。 (2) 明确发生故障和危险的紧急措施,以及安全撤离路线。 (3) 非岗位操作人员,一律不允许进入高压区
施工结束	现场遗留废弃物	环境污染	(1) 生活垃圾和工业垃圾集中收藏,施工残液按上级主管部门技术人员指定地点排放。 (2) 如施工过程中发生液体刺漏或油料泄漏,应采取措施妥善处理,避免发生污染事故

⑥ 施工过程中风险应急处理的一般措施

主要概述施工过程中发生危险情况时,施工人员应迅速做出应急反应,以及处理风险的一般措施。

6.1 交通事故。

6.1.1 发生交通事故,事故单位负责人以最快捷方式通知上级主管部门,通知内容包括:时间、地点、伤害原因、伤害人数、伤害程度等。

6.1.2 上级主管部门接到报告后须立即报告安全第一责任人及安全主管部门。

6.1.3 事故现场负责人,必须以最快的速度将伤员送至最近的医院抢救治疗,并在现场按要求摆放警示标志。

6.1.4 接到事故通知后,抢救组负责通知医院做好急救准备,迅速赶到医院,办理住院手续,同时派人及时做好伤员家属的安抚工作。

6.1.5 安全主管部门负责事故调查和现场处置。

6.2 管线连接时,发生人员坠落、落物砸伤、榔头伤人。

6.2.1 受伤较轻时,现场受过急救培训的人员立即利用现场急救包,现场进行处理。

6.2.2 受伤较重时,压裂现场负责人立即以最快捷方式通知上级主管部门,通知内容包括:时间、地点、伤害原因,伤害人数、伤害程度。

6.2.3 上级主管部门须立即报告安全第一责任人及安全主管部门。

6.2.4 事故现场负责人对受伤人员进行现场处理后,以最快速度将伤员送至最近医院抢救治疗。

6.2.5 接到事故通知后,抢救组负责通知医院做好急救准备,办理住院手续,同时派人及时做好伤员家属的安抚工作。

6.2.6 安全主管部门负责事故调查和现场处置。

6.3 试压时造成高、低压管线破裂。

6.3.1 立即停止试压,更换破裂管线。

6.3.2 按规定对同批管线及活动弯头进行高压管汇的检测和探伤。

6.4 高压泵注。

6.4.1 高、低压管线破裂事故。

(1)立刻紧急停泵。

(2)酸化压裂作业工立刻关闭井口与管汇车之间的旋塞阀。

(3)作业工立即关闭井口阀门。

(4)酸化压裂现场指挥下令更换高、低压管汇,并组织对现场进行清理。

(5)由现场领导小组决定是否继续施工。

6.4.2 堵管柱或砂堵。

(1)按现场施工工序要求降低排量,当压力超过设计最大值时,立即停泵。

(2)开井放喷,至少放出一个管串容积的液量,将井筒中浓砂液放出。

(3)用基液试挤,如压力不超压,砂堵解除,可泵注一定量的冻胶液后继续加砂;如试挤压力快速上升,砂堵未解除,则停止试挤,用水或基液反循环洗井,直到洗通为止。

(4)反循环洗井,出口管线必须用硬管线连接,返出物必须进罐,现场安全员在罐口做有毒有害气体检测。

(5)洗通或放通后,由现场领导小组根据具体情况决定是否继续施工。

6.4.3　井场着火。

（1）立刻紧急熄火，停泵；混砂车操作工紧急熄火，停止供液。

（2）酸化压裂队应急小分队，在现场总指挥的指挥下用车载灭火器施救。

（3）通知消防车进入现场施救。

（4）未连接管线的车辆司机立即将车辆开至安全地点。

（5）作业队立即组织人员抢关井口阀门（无保护器）。

（6）酸化压裂队立即组织作业工抢关井口与管汇之间的旋塞阀。

（7）酸化压裂队作业工从放压阀放压。

（8）各车司机、泵工配合砸开高压管线，在火情允许的情况下，将车辆开至安全地点。

（9）现场抢险组在现场总指挥的统一指挥下，配合消防队灭火。

（10）其余人员在现场总指挥的指挥下撤至安全集合点待命，并清点人数。

（11）现场负责人立即通知上级主管部门，并报告火情、地点、是否需要增援。

（12）上级主管部门立即通知第一责任人赶赴现场。

（13）安全主管部门赶赴现场处理事故。

（14）灭火中的注意事项：

① 灭火工作应采用"先控制，后灭火"的原则，防止火势蔓延和扩大。

② 现场救火人员必须在确保自身安全的情况下才能救火。

③ 火灾险情消除后，待安全人员检查现场，确认安全后，方可进行现场勘查工作。

背罐（专用运罐）车操作工岗位操作技术规范

① 岗位任职条件

1.1　职业道德：有较强的事业心和责任感，能够发扬艰苦奋斗、团结协作、顾全大局的精神。

1.2　文化程度：具有中等职业学校及以上（含技校、高中）文化程度。

1.3　职业资格：具有初级工及以上技术级别岗位资格，取得机动车驾驶证、驾驶员上岗证或准驾证。

1.4　工作经历：从事背罐（专用运罐）车操作技术工作一年以上或从事一线工作累计四年以上。

1.5　相关知识、能力要求：

1.5.1　知道一般的电工、机械力学的基本知识。

1.5.2　知道内燃机各系统的构造、工作原理和性能规范。

1.5.3　持有有效的井控证、HSE 培训证和特殊工种操作证。

1.5.4　掌握所驾驶车辆的结构、性能、原理和各种技术参数，会操作、会维修、会排除车辆常见故障，能熟练驾驶、使用本岗设备。

1.5.5　能排除所驾驶车辆底盘油、气、电路一般故障，并能及时排除背罐过程中出现的常规故障。

1.5.6　了解背罐（专用罐车）车台上设备的基本特性。

1.5.7　身体健康，能承担较繁重的工作任务。

② 岗位职责

2.1　严格遵守国家的法律、法规、企业各项规章制度；认真执行交通法规，禁止一切违章行为，确保行车安全，对职责范围内的违章行为造成的后果负责。

2.2　认真掌握本岗位的工作职责和操作规程，做到文明施工。

2.3　积极参加安全教育培训和岗位技术培训，掌握本岗位所需的安全生产知识和操作技能，不断提高业务素质。

2.4　负责所驾车辆的例保、一保，坚持"十字"作业。负责设备所用油、水的数量和质量。爱护车辆，严格按保养规程、巡回检查项目保养好设备，使设备保持良好的技术状况。

2.5 认真学习本岗位的风险削减措施和公司应急反应预案中的有关规定,积极参加应急演练活动,提高自救互救能力,防患于未然。

2.6 做好出车前和回厂后的安全自检自查工作,不开带"病"车,保证各项工作的顺利完成。

2.7 负责驾驶车辆的随车工具、附件及车辆各种证件齐全,做到账物相符。

2.8 服从调度安排,按规定车速驾驶,按规定路线行车,不擅自变更行车路线、搭乘人员及货物。

2.9 认真填写好设备运行记录,各项资料齐全、准确。

2.10 搞好设备卫生、环境卫生、生产卫生。

2.11 了解本岗位存在的风险及风险控制措施,明确本岗位 HSE 有关要求,积极参加本岗位有关的 HSE 教育培训。

2.12 完成上级部门及领导交办的其他工作任务。

③ 岗位巡回检查

3.1 检查路线。

底盘传动及行走系统→电路系统→气路、刹车系统→润滑、液压、冷却系统→案座→罐体→发动机→车载灭火器。

3.2 检查项目及内容。

项目	检查内容
(1) 底盘传动、行走系统	(1) 轮胎外观有无明显磨损、有无硬物嵌入,气压是否正常。 (2) 轮胎螺丝齐全、紧固。 (3) 钢板悬挂有无断裂、移位。 (4) 传动系统各传动轴螺丝是否齐全紧固,润滑良好。 (5) 刹车制动系统,手刹、脚刹及紧急制动效果是否良好。 (6) 转向系统各运动件连接是否良好、运转是否灵活,横直拉杆无变形,摆动球头、转向节臂无间隙。 (7) 各部固定螺丝有无松动、缺失,是否牢固可靠
(2) 电路系统	(1) 蓄电池电量充足,接线柱无松动、锈蚀,液面高出极板 10～15 mm,通气孔畅通。 (2) 各仪表、灯光、雨刷器工作正常,灯光是否工作正常,牢固可靠。 (3) 线路有无裸露、老化、松动、打铁现象
(3) 气路、刹车系统	(1) 气路,启动设备,怠速运行至"stop"字样消失后,观察气路管线、挂车连接插口是否漏气。 (2) 挂车刹车、刹车灯

项目	检查内容
(4) 润滑、液压、冷却系统	(1) 检查机油油面,油面在 min～max 刻度之间(在平整场地上)。 (2) 冷却液面,在冷机状况下液面在可视玻璃窗中线以上。 (3) 离合器液面,补偿液压罐中的离合器油位在 min～max 刻度之间。 (4) 集中润滑系统,油位在 min 刻线之上,各部接头无渗漏。 (5) 液压泵及管线各部接头无渗漏
(5) 案座	(1) 案座的紧固情况,各部连接螺栓紧固、齐全。 (2) 案座台板和挂车台板,无裂纹和磨损。 (3) 锁止机构,无变形和锈蚀,处于锁合状态
(6) 罐体	(1) 罐体紧固:罐体连接螺栓紧固、齐全。 (2) 进液口、出液口阀门、呼吸阀:进液口罐盖完好、平整,呼吸阀完好;出液口阀门灵敏、完好。 (3) 扶梯、护栏:扶梯紧固完好无脱焊,护栏起落正常,底座固定紧固
(7) 发动机	(1) 柴油箱盖是否牢固,滤网是否清洁,燃油是否充足。 (2) 冷却液有无报警。 (3) 机油面是否在油尺 FULL～ADD 之间为准。 (4) 空气滤清器是否清洁无污染、牢固可靠。 (5) 风扇皮带松紧是否适当。 (6) 各滤清器有无变形、渗漏、松动等现象,是否牢固可靠
(8) 车载灭火器	(1) 压力指针是否在绿色区域。 (2) 消防器各部件是否齐全,有无缺损。 (3) 固定是否牢固可靠

④ 岗位操作技术规范

4.1　发动机启动前。

4.1.1　参加每天的生产例会,接受当天的工作任务。

4.1.2　检查各液面、油面是否正常。

4.1.3　检查风扇皮带和附属装置。

4.1.4　检查喇叭、灯光和制动。

4.1.5　检查轮胎气压及所有紧固部位。

4.2　正常启动。

4.2.1　变速箱挂空挡。

4.2.2　踏下离合器踏板。

4.2.3　打开钥匙开关。

4.2.4　按压启动按钮或转动开关,驱动发动机,直到起动。

4.2.5 观察润滑油压力大约在 105 kPa。

4.2.6 油门预置到怠速 800～1 000 r/min。

4.2.7 解除停车制动。

4.3 怠速检查。

4.3.1 发动机发动后,在怠速约 600 r/min 下进行检查。

4.3.2 观察润滑油压力大约在 105 kPa,观察冷却液温度至少达到 71 ℃。前后气压系统压力达到 482 kPa。(两个回路的气压至少都要在 690 kPa 以上才能解除停车制动,开动车辆。)

4.3.3 以 600 r/min 怠速几分钟后,发动机转速应增加到 900～1 000 r/min,即须待温,待温不超过 5 min。

4.3.4 变速箱处于中间位置,松开离合器踏板,对变速箱润滑油进行加温。

4.3.5 车辆无人照看时,必须拉好停车制动。

4.3.6 观察各仪表是否正常。

4.4 起步。

4.4.1 踏下离合器踏板,挂一挡起步。

4.4.2 温度表及油压表达到正常后,油压大约在 200～500 kPa 方可增加挡位和加大油门。

4.5 车辆到达施工现场。

4.5.1 司机工作前必须穿戴好劳动保护用品。

4.5.2 在现场施工指挥的指挥下把车辆停到指定位置。

4.5.3 车辆定好位,放好车轮垫块。

4.5.4 按照操作要求把大罐顺序落地。

4.5.5 使罐口朝向井口方向,并使罐体前高后低,便于液体流出。

4.6 车辆回场。

4.6.1 怠速 1 000 r/min 时让发动机运转 5 min,然后在低怠速下工作 30 s 后才能熄火。

4.6.2 设置停车制动,进行回场检查,若发现故障应及时排除,排除不了的应及时向队里汇报。

4.6.3 放出储气罐里的水,关闭电瓶电源总开关。

4.6.4 关闭窗户并锁好车门及库门。

4.7 车辆防火。

4.7.1 车辆在行驶过程中,确保车辆配备的灭火机有效,应随时检查电路、油路有无异常,防止电路松动打铁或油管破裂起火。

4.7.2 车辆进入油区时,要严格遵守油气区(单位)的防火规定。严禁挂防滑链条进入油气区及在油气区检修车辆。

4.7.3　车辆进入油库加油时,不准接打手机,不得把无关人员带入库内,加油时发动机要熄火,加油后盖紧油箱盖。

4.7.4　驾驶员对车辆进行保养或检修机件时,不准用汽油擦洗发动机及车身。

⑤ 风险提示及控制措施

作业内容	风险提示	控制措施
出车前巡回检查	(1) 驾驶室下落压伤。 (2) 人员摔伤。 (3) 砸伤。 (4) 意外碰伤。 (5) 烫伤	(1) 下驾驶室,必须将保险装到位,防止驾驶室落下伤人。 (2) 上下车辆必须抓牢、踩实,严禁直接跳下,防止摔伤。 (3) 检查防冻液时,必须在冷却后进行,防止防冻液将检查人员烫伤。 (4) 检查车辆时,正确穿戴劳动保护用品,查看周围环境,防止碰伤和意外伤害
行驶往返过程中	疲劳、带"病"驾驶导致交通事故	(1) 出车前做好巡回检查工作,带"病"车辆禁止出车。 (2) 严格遵守《中华人民共和国道路交通安全法》和相关交通管理规定,队车行驶,按指定路线行车、进出井场
	超速、违章、违法行驶	(1) 遵守冬季操作规定,在冰雪路面上按要求控制好车速。 (2) 严禁将车辆交他人驾驶或无证驾驶。 (3) 按时参加施工交底,按交底路线行车,不得私自改变行车路线
	设备故障	严格执行《设备安全技术操作规程汇编》,做好日常的巡回检查
	行驶途中高空挂线	(1) 行驶中注意空中线缆。 (2) 带好专用挑线杆
	行驶途中压裂液、酸液发生泄漏	压裂液、酸液罐使用后,检查罐盖以及闸门是否齐全有效
车辆现场摆放	车辆碰挂、人员伤害、损坏井场设施、车辆塌陷	(1) 车辆进入井场时,观察周围环境(电线、油井设施、井架绷绳、泥浆池等)防止损坏井场设施或车辆塌陷。 (2) 车辆进入施工场地,队长根据井场情况依次将车辆指定到位避免车辆碰挂。 (3) 车辆进入摆放连接时必须有车组人员指挥,防止人员受伤或车辆相挂
回厂后巡回检查	(1) 驾驶室下落伤人。 (2) 人员摔伤。 (3) 砸伤。 (4) 意外碰伤。 (5) 烫伤	(1) 下驾驶室,必须将保险装到位,防止驾驶室落下伤人。 (2) 上下车辆必须抓牢、踩实,严禁直接跳下,防止摔伤。 (3) 检查防冻液时,必须在冷却后进行,防止防冻液将检查人员烫伤。 (4) 检查车辆时,正确穿戴劳动保护用品,查看周围环境,防止碰伤和意外伤害

⑥ 施工过程中风险应急处理的一般措施

主要概述施工过程中发生危险情况时,施工人员应迅速做出应急反应,以及处理风险的一般措施。

6.1 酸蚀。

6.1.1 发生人员被酸灼伤时,立即将被灼伤人员带领到清水和苏打水摆放处,用清水和苏打水清洗被灼伤人员的受伤处。

6.1.2 同时现场发现人员受伤立即向施工现场负责人报告。

6.1.3 现场负责人安排车辆将受伤人员送往就近医院治疗,并报上级主管部门。

6.2 交通事故。

6.2.1 发生交通事故,事故单位负责人以最快捷方式通知上级主管部门,通知内容包括:时间、地点、伤害原因、伤害人数、伤害程度等。

6.2.2 上级主管部门接到报告后须立即报告安全第一责任人及安全主管部门。

6.2.3 事故现场负责人,必须以最快的速度将伤员送至最近的医院抢救治疗,并在现场按要求摆放警示标志。

6.2.4 接到事故通知后,抢救组负责通知医院做好急救准备,并迅速赶到医院,办理住院手续,同时派人及时做好伤员家属的安抚工作。

6.2.5 安全主管部门负责事故调查和现场处置。

6.3 管线连接时,发生人员坠落、落物砸伤、榔头伤人。

6.3.1 受伤较轻时,现场受过急救培训的人员立即利用现场急救包,现场进行处理。

6.3.2 受伤较重时,压裂现场负责人立即以最快捷方式通知上级主管部门,通知内容包括:时间、地点、伤害原因、伤害人数、伤害程度。

6.3.3 上级主管部门须立即报告安全第一责任人及安全主管部门。

6.3.4 事故现场负责人对受伤人员进行现场处理后,以最快速度将伤员送至最近医院抢救治疗。

6.3.5 接到事故通知后,抢救组负责通知医院做好急救准备,并办理住院手续,同时派人及时做好伤员家属的安抚工作。

6.3.6 安全主管部门负责事故调查和现场处置。

6.4 试压时造成高、低压管线破裂。

6.4.1 立即停止试压,更换破裂管线。

6.4.2 按规定对同批管线及活动弯头进行高压管汇的检测和探伤。

6.5 高压泵注。

6.5.1 高、低压管线破裂事故。

(1)泵工立刻紧急停泵。

（2）酸化压裂队作业工立刻关闭井口与管汇车之间的旋塞阀。

（3）作业工立即关闭井口阀门。

（4）酸化压裂现场指挥安排更换高、低压管汇，并组织对现场进行清理。

（5）由现场领导小组决定是否继续施工。

6.5.2 堵管柱或砂堵。

（1）按现场施工工序要求降低排量，当压力超过设计最大值时，立即停泵。

（2）开井放喷，至少放出一个管串容积的液量，将井筒中浓砂液放出。

（3）用基液试挤，如压力不超压，砂堵解除，可泵注一定量的冻胶液后继续加砂；如试挤压力快速上升，砂堵未解除，则停止试挤，用水或基液反循环洗井，直到洗通为止。

（4）反循环洗井，出口管线必须用硬管线连接，返出物必须进罐，现场安全员在罐口做有毒有害气体检测。

（5）洗通或放通后，由现场领导小组根据具体情况决定是否继续施工。

6.5.3 井场着火

（1）立刻紧急熄火，停泵；混砂车操作工紧急熄火，停止供液。

（2）酸化压裂队应急小分队，在现场总指挥的指挥下用车载灭火器施救。

（3）通知消防车进入现场施救。

（4）未连接管线的车辆司机立即将车辆开至安全地点。

（5）作业队立即组织人员抢关井口阀门（无保护器）。

（6）酸化压裂队立即组织作业工抢关井口与管汇之间的旋塞阀。

（7）酸化压裂队作业工从放压阀放压。

（8）各车司机、泵工配合砸开高压管线，在火情允许的情况下，将车辆开至安全地点。

（9）现场抢险组在现场总指挥的统一指挥下，配合消防队灭火。

（10）其余人员在现场总指挥的指挥下撤至安全集合点待命，并清点人数。

（11）现场负责人立即通知上级主管部门，并报告火情、地点、是否需要增援。

（12）上级主管部门立即通知第一责任人赶赴现场。

（13）安全主管部门赶赴现场处理事故。

（14）灭火中的注意事项：

① 灭火工作应采用"先控制，后灭火"的原则，防止火势蔓延和扩大。

② 现场救火人员必须在确保自身安全的情况下实施救火。

③ 火灾险情消除后，待安全人员检查现场，确认安全后，方可进行现场勘查工作。

液氮泵车操作工岗位操作技术规范

① 岗位任职条件

1.1 职业道德:有强烈的事业心和主人翁精神,为石油工业振兴努力工作。

1.2 文化程度:具有机械、柴司、采油工程类中等职业学校及以上(含技校、高中)文化程度。

1.3 职业资格:具有初级工及以上相关专业技术岗位任职资格。

1.4 工作经历:从事液氮泵车操作技术工作一年以上或从事一线工作累计四年以上。

1.5 相关知识、能力要求:

1.5.1 较系统地掌握采油工程、机械工程等基础理论知识,掌握酸化压裂施工中液氮泵车的施工工艺。

1.5.2 具有一般的综合分析能力和判断能力,能处理液氮泵车施工中出现的一般工艺问题,保证施工质量。

1.5.3 懂得一般油品、水的常识,电工知识及液氮基本常识。

1.5.4 持有有效的井控证、HSE培训证和特殊工种操作证。

1.5.5 身体健康,能承担较繁重的工作任务。

② 岗位职责

2.1 学习和执行国家、地方政府有关安全生产的法律法规及上级的各项安全生产要求,对本岗位安全生产负责。

2.2 负责液氮泵车的例保、一保,坚持"十字"作业,按要求平稳操作设备。

2.3 负责台上易损件的检查和更换,管好专用工具和随车工具。

2.4 负责液氮泵车在运转、施工中的巡回检查,施工前的预热,各种高、低压管线的连接,发现隐患及时整改。

2.5 在每次作业前应对泵车的高压管线、冷却系统、润滑系统、燃油系统、液压系统、电气系统以及各传动部位进行认真的检查,保证设备具备安全作业条件;按规定及时补充同型号的液剂。

2.6 参加班组安全教育活动,增强事故预防和应急处理能力。

2.7 负责液氮泵车的使用、维护与管理,填好设备运转记录。

2.8 参加班前安全讲话,对作业风险进行提示,相互监督,分工明确。

2.9　严禁违章操作,有权拒绝违章指挥,并对违章行为有制止、监督、举报的权利。严格执行技术标准和操作规程,杜绝"三违"现象。

2.10　遵章守纪,执行 HSE 方针,按照有关规定,穿戴好劳动保护用品。

2.11　熟悉本岗位存在的风险及风险削减控制措施,在紧急情况发生时能够按应急预案的要求迅速撤离或投入急救工作。

2.12　及时认真地填写本岗位的有关安全资料。

2.13　完成上级部门及领导交办的其他工作。

③ 岗位巡回检查

3.1　检查路线。

底盘传动系统→电路系统→气压系统→冷却系统→发动机→变速箱→三缸泵→工具及固定摆放。

3.2　检查项目及内容。

项目	检查内容
(1) 底盘传动、行走系统	(1) 轮胎外观有无明显磨损、硬物嵌入及气压是否正常。 (2) 轮胎螺丝是否齐全、紧固,轴头润滑油液面情况。 (3) 钢板悬挂有无断裂、移位。 (4) 传动系统各传动轴螺丝是否齐全紧固,润滑良好,旋转部位是否配备防护罩。 (5) 刹车制动系统,手刹、脚刹及紧急制动效果是否良好。 (6) 转向系统各运动件连接是否良好、运转灵活,管线连接有无渗漏
(2) 电路系统	(1) 蓄电池电量是否充足,接线柱有无松动、锈蚀,液面是否高出极板 10~15 mm。 (2) 各仪表、灯光工作是否正常。 (3) 各线路有无裸露、老化、松动、打铁现象
(3) 气压系统	(1) 气路系统压力是否为 0.8 MPa。 (2) 气路管路各阀件调整是否适当、各管线连接有无漏气
(4) 液压系统	(1) 液压油面,油面达到高位液位计中部。 (2) 液压系统压力达到 10 MPa 以上。 (3) 液压管路,各阀件调整适当、各管线连接无渗漏
(5) 发动机	(1) 柴油箱油位。 (2) 冷却液,从水箱窥视孔检查冷却液面是否为正常。 (3) 机油面是否在油尺上的 FULL~ADD 刻线之间。 (4) 各滤清器是否清洁,无污染、变形、渗漏、松动等现象。 (5) 传动皮带松紧程度是否适当,是否能下压传动皮带达 3~4 mm

续表

项目	检查内容
(6) 变速箱	(1) 变速箱油面,油眼冷油面达到表满位,热车油面达到油眼表中位。 (2) 换挡阀位置,换挡阀置于空挡。 (3) 分动箱手柄,分动箱"动力切换"手柄置"行车"位置,并固定好定位销。
(7) 三缸泵	(1) 三缸泵润滑油。 (2) 三缸泵上的放空阀。
(8) 工具及固定摆放	(1) 工具规格、数量是否符合配备标准。 (2) 工具是否摆放在指定位置。 (3) 工具是否固定牢靠。

④ 岗位操作技术规范

4.1　操作前的检查。

4.1.1　选择好适当的停车位置,连接高压管线。

4.1.2　检查发动机机油油面、冷却液的数量,不足时应及时添加。

4.1.3　检查变速箱、差速器的润滑油面,用扳手打开螺塞,油面和开口平齐即可。

4.1.4　从液压油箱液位计上检查液压系统液压油,不足时及时添加。

4.1.5　从润滑油箱的液位计检查三缸泵的润滑油,润滑油足够时,打开一只阀门。

4.1.6　检查冷却热交换系统有无渗漏,并打开其阀门。

4.1.7　用合适的扳手紧固各管线,连接和固定螺丝。

4.2　发动引擎,冷却三缸泵、离心泵及管线。

4.2.1　将排挡置于空挡,按住发动机自动熄火保护开关,踩下离合器,启动设备。并注意仪表的工作情况,如有异常,应停机检查。

4.2.2　打开控制仪表盘,放松压力表防震锁定旋钮。

4.2.3　关闭液氮罐上的排气阀和行车排气阀。

4.2.4　打开液氮罐上的增压阀,使罐内压力提高 0.2～0.3 MPa(30～43 psi)。

4.2.5　打开液氮罐的输氮主阀,使液氮进入离心泵和三缸泵内,对其进行冷却,同时将离心泵到罐内的回流阀开启 3～4 圈。为了快速冷却,可打开三缸泵上的放空阀,直到有液氮流出,方可关闭。

4.2.6　待引擎温度上升到一定程度时,打开取力器开关。

4.2.7　观察仪表盘仪表工作情况,并将(从左到右)第一、第二控制手柄全部放松,第三控制手柄放松 5～8 圈。

4.2.8　当发现被冷却部分上面结有厚厚一层霜后,表示冷却工作已经完成,将回流阀关死后再松开 1/2～1 圈,然后踏下离合器,排挡挂入 11 挡。

4.3　泵氮作业。

4.3.1　将仪表控制箱左边回流泄压阀打开 1～2 圈。

4.3.2　缓慢调整三个控制手柄,首先将离心泵的灌注压力调整到 0.41 MPa (60 psi)以上,再调整其他两个手柄,使三缸泵在一定转速下运转 5 min,检查系统有无渗漏。

4.3.3　当一切正常时,关闭回流泄压阀,打开旋塞阀开关,提高引擎转速并将报警预定在设计压力上进行试压。此时仪表盘主要仪表的读数如下:

① 液氮灌注压力 0.41～0.69 MPa(60～100 psi)。

② 离心泵马达的液压油压力 3.4～6.9 MPa(500～1 000 psi)。

③ 三缸泵润滑油压力 0.21～0.41 MPa(30～60 psi)。

④ 四个油泵对四个马达的灌注油压 0.2～0.41 MPa(30～60 psi)。

⑤ 系统液压油压力 5.25～8.75 MPa(750～1 250 psi)。

4.3.4　正常施工,开启氮气排出阀,开始正常泵送。

4.4　停机。

4.4.1　听从现场指挥的指令,停止台上机器。首先降低油门至怠速,然后关闭氮气排出阀,同时立即打开液氮泵循环阀。

4.4.2　停止液氮泵工作,用控制手柄将三缸泵停止运转。

4.4.3　排挡放在空挡,摘掉取力器开关。

4.4.4　关闭输送的主阀和增压阀,打开罐上的放气阀。

4.4.5　打开三缸泵上的放空阀,直到将氮气放空为止。

4.4.6　将控制盘上的氮气压力表防震锁定,关闭控制盘。

4.5　注意事项。

4.5.1　工作时罐内压力应保持在 0.2～0.3 MPa(30～43 psi),超出 0.3 MPa (43 psi)时应关闭增压阀,打开排气阀;低于 0.2 MPa(30 psi)时打开增压阀,关闭排气阀。

4.5.2　当液氮灌注压力低于 0.4 MPa(60 psi)时,不能将三缸泵转动,应检查罐内压力是否在 0.2～0.3 MPa(30～43 psi)之间,然后将三缸泵上的放空阀打开,直到流出液氮,方可关闭。再适当提高引擎转速,这个工作可能反复几次,必要时应检查液压油数量及管线是否泄漏。

4.5.3　紧急情况下的停泵:不论发生任何情况首先关小油门,然后关闭旋阀,再打开回流泄压阀,最后推按紧急熄火开关,这些工作几乎同时完成。

4.5.4　更换三缸泵润滑油滤清器和液压油滤清器时,应关闭其油箱上相应的阀门。

4.5.5　长途行车时应关掉冷却剂换热的阀门,关掉罐上的阀门,打开行车排气阀。

4.5.6　回厂后,按巡回检查图表对设备进行巡回检查,发现问题及时整改,解决不了的要及时向队里汇报。

⑤ 风险提示及控制措施

工作内容	风险提示	产生的原因	控制措施
施工准备及回厂检查	人员伤害、设备隐患影响施工质量	岗位责任心不强,巡回检查不到位	(1) 各岗位严格执行《岗位操作技术规范》和《设备安全技术操作规程》。 (2) 施工前必须参加技术、安全交底和分工会议,明确施工指挥者、主操作手和其他岗位负责人,了解施工程序、施工参数、技术要求和安全注意事项
施工往返过程	交通事故	违章行驶	严格执行《中华人民共和国道路交通安全法》,队车行驶,控制车速,保证设备安全
管线连接与拆卸	人员坠落、落物砸伤、意外伤害、设备损坏	岗位责任心不强,违章操作	遵守《酸化压裂施工安全管理规定》和《设备安全技术操作规程》
循环	管线不畅通发生爆裂、人员受伤、设备损坏	岗位责任心不强,违章操作	连接前检查管线通畅情况,循环时将闸门开启;设定超压保护
试压	高、低压管线破裂	未按规定进行高压管汇的检测	(1) 执行《高压管汇管理规定》,各泵车按施工要求设置超压保护。 (2) 试压值以施工设计为准,试压时应保持 5 min 不刺不漏为合格
泵注过程	堵管柱或砂堵	人员误操作、设备故障	按设计和现场指挥要求施工;所有岗位人员必须听从施工指挥一人发出的指令;维护好设备
	液氮腐蚀	酸液飞溅、罐阀门或管线腐蚀	(1) 定期对高、低压管汇进行检测,保证无刺漏。 (2) 所有施工人员,应严格按规定穿戴好劳动保护用品
	井场着火	油基压裂施工过程中泵送系统发生泄漏	(1) 油基压裂时高压检测中心要对管汇进行检测,以保证无刺漏。 (2) 严禁烟火,地面消防设施必须完好齐全
	听力损伤	未正确使用劳动保护用品	施工现场佩戴防噪音耳塞或对讲机
	源辐射	源泄漏、辐射	加入防护屏障,非工作人员远离放射源,工作人员连接数据线后快速撤离。施工完毕后及时关闭放射源闸板
	井口、高压管线刺漏伤人	无安全标识	(1) 必须有安全警告牌、警示带和风向标。 (2) 明确发生故障和危险的紧急措施,及安全撤离路线。 (3) 非岗位操作人员,一律不允许进入高压区

工作内容	风险提示	产生的原因	控制措施
施工结束	现场遗留废弃物	环境污染	(1) 生活垃圾和工业垃圾集中收藏,施工残液按上级主管部门技术人员指定地点排放。 (2) 如施工过程中发生液体刺漏或油料泄漏,应采取措施妥善处理,避免发生污染事故

6 施工过程中风险应急处理的一般措施

主要概述施工过程中发生危险情况时,施工人员应迅速做出应急反应,以及处理风险的一般措施。

6.1 液氮腐蚀。

6.1.1 发生人员被液氮灼伤时,现场发现人员应立即将被灼伤人员带领到清水摆放处,用清水清洗被灼伤人员的受伤处。

6.1.2 现场发现人员受伤立即向施工现场负责人报告。

6.1.3 现场负责人安排车辆将受伤人员送往就近医院治疗,并报上级主管部门。

6.2 交通事故。

6.2.1 发生交通事故时,事故单位负责人以最快捷方式通知上级主管部门,通知内容包括:时间、地点、伤害原因、伤害人数、伤害程度等。

6.2.2 上级主管部门接到报告后须立即报告第一责任人及安全主管部门。

6.2.3 事故现场负责人必须以最快的速度,将伤员送至最近的医院抢救治疗,并在现场按要求摆放警示标志。

6.2.4 接到事故通知后,抢救组负责通知医院做好急救准备,迅速赶到医院,办理住院手续,同时派人及时做好伤员家属的安抚工作。

6.2.5 安全主管部门负责事故调查和现场处置。

6.3 管线连接时,发生人员坠落、落物砸伤、椰头伤人。

6.3.1 受伤较轻时,现场受过急救培训的人员立即利用现场急救包,现场进行处理。

6.3.2 受伤较重时,压裂现场负责人立即以最快捷方式通知上级主管部门,通知内容包括:时间、地点、伤害原因、伤害人数、伤害程度。

6.3.3 上级主管部门须立即报告第一责任人及安全主管部门。

6.3.4 事故现场负责人对受伤人员进行现场处理后,以最快速度将伤员送至最近医院抢救治疗。

6.3.5 接到事故通知后,抢救组负责通知医院做好急救准备,办理住院手续,同时派人及时做好伤员家属的安抚工作。

6.3.6 安全主管部门负责事故调查和现场处置。

6.4 试压时造成高、低压管线破裂,立即停止试压,更换破裂管线。

6.5 高压泵注。

6.5.1 高、低压管线破裂事故。

(1) 立刻紧急停泵。

(2) 井口保护器工立刻关闭井口与管汇车之间的旋塞阀。

(3) 井口作业工立即关闭井口阀门。

(4) 酸化压裂现场指挥安排更换高、低压管汇,并组织对现场进行清理。

(5) 由现场领导小组决定是否继续施工。

6.5.2 堵管柱或砂堵。

(1) 按现场施工工序指挥要求降低排量,当压力超过设计最大值时,立即停泵。

(2) 开井放喷,至少放出一个管串容积液量,将井筒中的浓砂液放出。

(3) 用基液试挤,如压力不超压,砂堵解除,可泵注一定量的冻胶液后继续加砂;如试挤压力快速上升,砂堵未解除,则停止试挤,用水或基液反循环洗井,直到洗通为止。

(4) 反循环洗井,出口管线必须用硬管线连接,返出物必须进罐,现场安全员在罐口做有毒有害气体检测。

(5) 洗通或放通后,由现场领导小组根据具体情况决定是否继续施工。

6.5.3 井场着火。

(1) 立刻紧急熄火,停泵;混砂车操作工紧急熄火,停止供液。

(2) 酸化压裂队应急小分队,在现场总指挥的指挥下用车载灭火器施救。

(3) 通知消防车进入现场施救。

(4) 未连接管线的车辆司机立即将车辆开至安全地点。

(5) 作业队立即组织人员抢关井口阀门(无保护器)。

(6) 酸化压裂队立即组织作业工抢关井口与管汇之间的旋塞阀。

(7) 酸化压裂队作业工从放压阀放压。

(8) 各车司机、泵工配合砸开高压管线,在火情允许的情况下,将车辆开至安全地点。

(9) 现场抢险组在现场总指挥的统一指挥下,配合消防队灭火。

(10) 其余人员在现场总指挥的指挥下撤至安全集合点待命,并清点人数。

(11) 现场负责人立即通知上级主管部门,并报告火情、地点、是否需要增援。

(12) 上级主管部门立即通知第一责任人赶赴现场。

(13) 安全主管部门赶赴现场处理事故。

(14) 灭火中的注意事项:

① 灭火工作应采用"先控制,后灭火"的原则,防止火势蔓延和扩大。

② 现场救火人员必须在确保自身安全的情况下才能救火。

③ 火灾险情消除后,待安全人员检查现场,确认安全后,方可进行现场勘查工作。

连续油管车操作工岗位操作技术规范

① 岗位任职条件

1.1 职业道德:有强烈的事业心和主人翁精神,能够为石油工业振兴努力工作。

1.2 文化程度:具有机械、柴司、采油工程类中等职业学校及以上(含技校、高中)文化程度。

1.3 职业资格:具有初级及以上相关专业技术工人职务任职资格。

1.4 工作经历:连续从事油管车操作技术工作一年以上或从事一线工作累计四年以上。

1.5 相关知识、能力要求:

1.5.1 较系统地掌握采油工程、机械工程等基础理论知识,掌握连续油管车施工技术。

1.5.2 具有一定的综合分析能力和判断能力,正确分析施工动态,能发现和处理连续油管车施工中出现的一般问题,保证施工质量。

1.5.3 懂得油品、水的常识和电工知识及液氮、二氧化碳基本常识。

1.5.4 持有有效的井控证、HSE 培训证和特殊工种操作证。

1.5.5 身体健康,能承担较繁重的工作任务。

② 岗位职责

2.1 本岗位向现场主管安全的副队长负责,认真履行自己的岗位职责。

2.2 负责连续油管车的维护和保养,坚持"十字"作业,按操作规程平稳操作,确保安全施工。

2.3 负责连续油管车所用的各种油品、冷却液的质量和数量。

2.4 负责台上易损件的检查和更换,管好专用工具和随车工具。

2.5 负责连续油管车的使用、维护与管理,填好设备运转记录。

2.6 负责设备在施工前的巡回检查,连接各种液压控制管线。

2.7 严禁违章作业,有权拒绝违章指挥,对各种违章行为有制止、监督和举报的权利。

2.8 贯彻落实 HSE 有关规定,穿戴好劳动保护用品。

2.9 积极参加有关 HSE 活动,接受 HSE 培训。

2.10 熟悉本岗位存在的风险、应急保护逃生知识和风险削减或控制措施,在紧急情况下,能够按应急预案的要求迅速撤离或投入急救工作中去。

2.11 及时认真地填写本岗位的有关安全资料。

2.12 完成上级部门及领导交办的其他工作。

③ 岗位巡回检查

3.1 检查路线。

底盘传动→行走系统→电路系统→气压系统→冷却系统→发动机→变速箱→三缸泵→工具及其固定摆放。

3.2 检查项目及内容。

项目	检查内容
(1) 底盘传动、行走系统	(1) 轮胎外观有无明显磨损、硬物嵌入及气压是否正常。 (2) 轮胎螺丝是否齐全、紧固,轴头润滑油液面情况。 (3) 钢板悬挂有无断裂、移位。 (4) 传动系统各传动轴螺丝是否齐全紧固,润滑良好,旋转部位是否配备防护罩。 (5) 刹车制动系统,手刹、脚刹及紧急制动效果是否良好。 (6) 转向系统各运动件连接是否良好、运转是否灵活,管线连接有无渗漏
(2) 电路系统	(1) 蓄电池电量是否充足,接线柱有无松动、锈蚀,液面是否高出极板 10～15 mm。 (2) 各仪表、灯光工作是否正常。 (3) 各线路有无裸露、老化、松动、打铁现象
(3) 气压系统	(1) 气路系统压力是否为 0.8 MPa。 (2) 气路管路各阀件调整是否适当、各管线连接有无漏气
(4) 液压系统	(1) 液压油面,油面达到高位液位计中部。 (2) 液压系统压力达到 10 MPa 以上。 (3) 液压管路,各阀件调整适当、各管线连接无渗漏
(5) 发动机	(1) 柴油箱油位。 (2) 冷却液,从水箱窥视孔检查冷却液面是否为正常。 (3) 机油面是否在油尺上的 FULL～ADD 刻线之间。 (4) 各滤清器是否清洁无污染、变形、渗漏、松动等现象。 (5) 传动皮带松紧程度是否适当,是否能下压传动皮带达 3～4 mm
(6) 变速箱	(1) 变速箱油面,油眼冷油面达到表满位,热车油面达到油眼表中位。 (2) 换挡阀位置,换挡阀置于空挡。 (3) 分动箱手柄,分动箱"动力切换"手柄置"行车"位置,并固定好定位销

项目	检查内容
(7)防喷器、注入头、油管滚筒	(1)防喷器、注入头是否固定牢靠。 (2)油管滚筒是否固定牢靠
(8)工具及固定摆放	(1)工具规格、数量是否符合配备标准。 (2)工具是否摆放在指定位置。 (3)工具是否固定牢靠

④ 岗位操作技术规范

4.1 作业井应具备的条件。

4.1.1 井口装置。

4.1.1.1 工作压力与作业压力相匹配,材质满足井内介质要求。

4.1.1.2 按设计进行强度试压、密封性试压。

4.1.2 施工前应收集的资料。

4.1.2.1 井的基本情况:地理位置、地理构造,开钻日期、完钻日期、完井日期、投产日期,产层及井段,完井方式,油补距,油、气、水产量及性质(硫化氢、二氧化碳、盐水含量等),原始地底压力,累计油、气、水产量,生产方式及当前地层压力、井底温度、液面、井内砂面、遇阻井深位置、井口油套压力等。

4.1.2.2 钻、试、采简史:简述曾经采取的修井、增产措施及其效果,详细说明事故井事故经过、处理过程和结果。

4.1.2.3 井身结构示意图、井斜角和方位角数据表。

4.1.2.4 井口装置的型号、上法兰螺孔中心距和钢圈直径等尺寸数据。

4.1.2.5 水泥塞位置,试压数据(压力、稳定时间、压降),探水泥塞次数,加压吨数。

4.1.2.6 油管尺寸、壁厚、长度、最小内通径、钢级、油管单根记录。

4.1.2.7 井下工具名称、规格、型号、尺寸、最小内通径、所在井段及结构示意图。

4.1.2.8 井内介质、井底情况描述。

4.2 作业准备。

4.2.1 作业设计方案的可实施性、安全性及对井的要求。

4.2.1.1 验证设计方案中的井身结构与实际井身结构的一致性。

4.2.1.2 验证设计方案中的井口装置与相关规定的符合性及与实际装置的一致性。

4.2.1.3 验证作业设计方案与作业规程的符合性。

4.2.1.4 验证作业井实际生产管串满足作业规程的要求。

4.2.1.5 确定井口装置型号及与连续油管作业设备的连接方式。

4.2.1.6 明确井下管串最小内径所在井深,验证管串最小内通径至少大于连续油管或工具外径 8 mm,否则应明确规定连续油管最大下入深度小于井下管串最小内通径处 50 m。

4.2.1.7 如有机械坐封封隔器,应了解下压坐封吨位及其长度,确定生产油管的可能变形量。

4.2.1.8 不能确定油管鞋是否为倒喇叭形时,工具管串禁止下出管鞋。

4.2.1.9 验证地面放喷流程、放喷池完成情况;确定放喷的方式和放喷管线的走向,钻磨和冲砂作业时,放喷管线应走直通。

4.2.2 井场及井场公路。

4.2.2.1 井场地面抗压强度不小于 1.5 MPa,压实厚度不低于 260 mm,场面平整,排水良好。

4.2.2.2 井口附近 30 m 以内应有足够的作业空间。

4.2.2.3 井场公路采用《公路工程技术标准》(JTJ01-88)中的国家级公路山岭、重丘等级。

4.2.2.4 井场公路路面结构为泥碎石路,压实厚度为公路工程技术标准(四级),即 260 mm。

4.2.2.5 井场公路桥涵工程,无论砖石及混凝土桥涵,设计载荷均按汽车-20 级、验算载荷均按拖车-100 级。桥面宽度与路基同宽。

4.2.2.6 井场公路沿线两侧伸入路面空间及横跨公路的建筑物的限高,从路面标高到建筑物的净高不小于 5 m。

4.2.3 工作介质。

4.2.3.1 液体介质中机械杂质含量应小于 0.2%,粒径小于 2 μm。

4.2.3.2 使用液氮,其技术指标、储运方式应按《高纯氮检验》(GB/T8980-1996)的规定要求。

4.2.3.3 使用酸液或其他腐蚀性工作介质时,应按设计要求添加缓蚀剂。

4.2.3.4 要求排量大或泵注压力高时,应按设计要求在液体介质中添加降阻剂。

4.2.3.5 根据作业设计要求准备添加剂并按规定配制工作液。

4.2.4 施工设备。

4.2.4.1 按施工设计要求选择具备相应作业能力的施工设备和辅助装置。

4.2.4.2 连续油管设备进入施工井场后,正确摆放主、辅车。辅车吊车转盘中心距离井口 2~3 m,主车距离井口 8~20 m,主车中心轴线应对正井口。

4.2.4.3 根据连续油管井口注入头、防喷盒、防喷器、操作窗、连续油管井口悬挂器、井口高度和最大载荷确定起重设备。

4.2.4.4 关闭清蜡阀门,安装防喷器与井口相连接的井口法兰短节。

4.2.4.5 主、辅车从行走状态改为施工状态,辅车支好千斤顶支腿,使平台前后、左右保持水平状态;主车升起控制室,插好保险销,组装加宽平台和排气管,然后松开油管滚筒专用固定螺杆。

4.2.4.6 检查连续油管主、辅车的油、气、水、电和各润滑油、液压油面。

4.2.4.7 启动发动机后应空载预温,冬季适当延长预温时间。确认主车各阀件处于安全位置后,打开台上电源。待发动机温度≥40 ℃时,挂取力器,带负荷。

4.2.4.8 挂上取力器后,检查各液压油表是否处于正常压力范围以内,发现异常应停车检查。

4.2.4.9 根据施工当时的环境温度,选择将发动机风扇耦合器设置为自动或强制冷却,确保发动机处于正常工作状态。

4.2.5 设备安装。

4.2.5.1 在连续油管辅车上将鹅颈管吊装上注入头。

4.2.5.2 吊注入头到地面,放置在平整的地面或垫木上并打好绷绳,绷绳数量应不少于两根,直径不小于 8 mm。确认注入头固定好前,吊车应保持适当张紧度。将驱动、控制液压管线按号对接到注入头上。

4.2.5.3 注入头试运转,确定注入头链条运行平稳无异响和润滑情况良好后方可进行下一步工作。

4.2.5.4 将连续油管插入注入头,在注入头未夹持连续油管情况下,内张压力应为 0 psi,确认连续油管已被夹持后内张压力加至 200～300 psi。

4.2.5.5 安装防喷盒前先对注入头做好支撑。

4.2.5.6 在地面试运转正常后,取下支撑柱,将注入头组件(鹅颈管、注入头、防喷盒等)吊装到井口(防喷器)之上,重新装好支撑柱并用绷绳定位。绷绳数量应不少于 3 根,与地面角度小于 45°,直径大于 10 mm。

4.2.5.7 如需使用工具,根据入井工具管串的长度安装防喷管,防喷管的长度应略长于工具管串。仔细检查防喷管由壬头的密封盘根,发现破损立即更换。

4.2.5.8 安装井下工具管串,应待工具管串地面试运行正常后方可装入立管准备入井。

4.2.5.9 如果有钻台平面,用钻机游动滑车与地绷配合吊注入头上钻台,要求绷绳直径大于 16 mm,与游动滑车吊绳共点。

4.2.5.10 安装完井口后,将深度计数器复零,指重表预留 1.0 t 基数。

4.2.5.11 检查防喷器是否灵活有效,并确认四道闸板全部打开。

4.2.5.12 入井工具。

4.2.5.13 按设计要求准备入井工具组合。连续油管工具接头下端首先应连接液压丢手。除洗井工作外,其余作业应根据具体情况选择连接单向阀等工具。

4.2.5.14 测量并记录入井工具及其长度尺寸,入井工具外缘台阶倒角应小于45°。

4.2.5.15 在连接工具入井前,用工作介质对连续油管进行冲洗,直到进、出口端液体保持一致时,方可安装连续油管工具接头,下入工具。

4.3 作业要求。

4.3.1 召开作业准备会,明确作业程序、目的、要点、难点和安全措施。

4.3.2 划分危险区域:注入头、井口、连续油管滚筒、滚筒至注入头区域、泵注设备及泵注管汇、排污口及放喷管汇,腐蚀性、高温、高压工作介质。易燃易爆容器为Ⅰ类危险区;操作室、排污池、顺风区域为Ⅱ类危险区;井场、钻机、作业机、油气生产装置为Ⅲ类危险区。

4.3.3 在作业区醒目处安装2~3面风向标。

4.3.4 根据连续油管技术规格和实际载荷,在指重表盘上作最大安全提升拉力的警示标记。

4.3.5 确认补差,计数器处于零位置。

4.3.6 按设计要求打开1号总阀,同时根据防喷盒密封情况来决定是否向防喷盒补压。

4.3.7 调节好各控制和驱动液压油路的压力。进行起下连续油管动作前应先鸣号(或用对讲机)与各岗位人员联系,取得配合。

4.3.8 下连续油管。

4.3.8.1 在连续油管下放过程中,初始过井口下放速度小于5 m/min;过井口50 m后,逐渐提高下放速度,初次作业井应不大于20 m/min;复杂井段如转换接头、滑套、井下工具中心孔等变径位置应提前50 m将下放速度降到10 m/min以下。

4.3.8.2 按设计要求在不同的井深位置校核悬重。

4.3.8.3 根据悬重和井内压力变化情况,调节内张、外张和驱动压力,其控制调节参照设备操作手册进行。

4.3.9 入井连续油管管串的外径与井内管柱最小内径之差应大于8 mm,否则连续油管不能进行下入作业。

4.4 作业程序(不同工艺)。

4.4.1 试压。

连续油管下入防喷盒1~2 m,给防喷盒加一定压力,关闭清蜡闸门,对清蜡闸门及以上各井口装置和作业管串按设计要求试压合格,然后按设计依次打开各闸板,进行施工。

4.4.2 下连续油管。

4.4.2.1 井内有压力时,应将外张压力加至注入头链条绷直,自封盒压力加至井口无泄漏,将井口阀门全部打开。

4.4.2.2 下入过程中,初始下放速度小于5 m/min;过井口50 m后,光油管可逐渐提高下放速度,但应不大于 20 m/min;带工具管串时下放速度应不大于 15 m/min;复杂井段如转换接头、滑套等变径位置应提前 50 m 将下放速度降到 10 m/min 以下。

4.4.2.3　按设计要求在不同的井深位置校核悬重。

4.4.2.4　根据悬重变化情况,依照设备性能调节内张、外张和驱动压力。

4.4.2.5　在施工中,作业人员发现异常、复杂情况,应立即请示施工指挥,并执行安全风险控制预案中的有关措施。施工指挥根据施工现象具体判断井下情况,在施工设计和安全风险控制预案中有相关处理措施的按预定措施执行,没有预定措施的由施工领导小组决定处理方案。

4.4.2.6　在钻磨或扩眼施工作业中,当遇阻后,上提油管 5～10 m,调整参数,待建立起循环后,方可钻进,同时密切注意观察返出液携带物情况。

4.4.2.7　起下连续油管作业时,驱动压力和内张压力的调节应根据入井油管负载的变化来进行。

4.4.3　暂停作业期间。

4.4.3.1　注入头安装在井口上,井内无连续油管时,关闭井口总闸或清蜡闸门,指定专人在井场看守设备,并定时检查地面支撑柱、绷绳、地锚和起重设备的稳定情况。

4.4.3.2　连续油管在井内时,安排井场值班小组 24 h 轮换值班,每组至少应包括一名技术干部、一名泵注设备操作工和一名连续油管操作工。

4.4.3.3　井内有腐蚀介质时,连续油管应脱离与腐蚀介质的接触。

4.4.4　气举排液作业程序。

4.4.4.1　了解井内液量和液面高度。

4.4.4.2　根据套管强度,确定最大掏空深度,连续油管最大作业深度应小于套管最大掏空深度。

4.4.4.3　对于高含硫施工井,应在开始返出氮气后关闭放喷阀门,起连续油管出井口后,关闭清蜡阀门,再进行放喷,尽量减少连续油管与高浓度硫化氢的接触,防止连续油管发生氢脆伤害甚至断裂。

4.4.4.4　应根据井筒压力变化情况,保持适当的自封盒压力。

4.4.5　洗井作业程序。

4.4.5.1　了解井内液面高度,预算返排时间,计算冲洗液在小环空内的上返速度。

4.4.5.2　准备足量的冲洗工作液。

4.4.5.3　准备冲洗工具,使用焊接冲洗头时,喷嘴尺寸宜采用 $\Phi3$ mm×4。

4.4.5.4　连续油管入井即开始连续泵注,泵注排量要满足冲砂、携砂要求。

4.4.5.5　对沉砂段应反复冲洗,钻压控制在 2 t 以内,观察返排情况,定时取样,以进、出口液体基本一致为合格。

4.4.5.6　严禁冲洗过程中擅自停泵。

4.4.5.7 泵注过程中井内失返,应在保持连续泵注的同时上提连续油管。

4.4.6 钻磨、扩眼作业程序。

4.4.6.1 首先通过光油管或冲洗工具清洗、通井。

4.4.6.2 探阻塞面位置,校核悬重,调整作业参数。

4.4.6.3 泵注排量应小于螺杆马达的最大排量,循环正常后进行钻磨、扩眼作业。

4.4.6.4 在作业过程中,应严格控制钻压,宜小于 2.5 kN,随时观察泵压的变化,判断螺杆马达是否停转。

4.4.6.5 在作业过程中,保证泵注设备连续泵注。

4.4.6.6 钻磨、扩眼作业结束后,不应带工具串继续加深通井。

4.4.7 切割作业程序。

4.4.7.1 通过光油管或冲洗头清洗、通井。

4.4.7.2 下至切割井深,校核悬重。

4.4.7.3 泵注设备平稳、连续泵注,排量小于螺杆马达的最大排量,进行切割作业。

4.4.7.4 切割作业结束后,不应带工具串继续加深通井。

4.4.8 冲砂解堵作业程序。

4.4.8.1 了解井内液面、砂面高度,预算返排时间。

4.4.8.2 根据施工设计确定冲洗或钻磨组合工具。

4.4.8.3 连续油管入井后,开始连续泵注,泵注排量满足冲洗(钻磨)和携砂的要求。

4.4.8.4 对堵塞段反复冲洗或钻磨,观察返排情况,定时取样,以进、出口液体基本一致为合格。

4.4.8.5 严禁在冲洗过程中擅自停泵。

4.4.8.6 泵注过程中井内失返,应在保持连续泵注的同时上提连续油管。

4.4.9 打捞作业。

4.4.9.1 用铅印探鱼顶,确定鱼头形状、位置。

4.4.9.2 验证设计打捞工具管串的适用性和安全性。

4.4.9.3 打捞时最大上提拉力应控制在连续油管极限拉力的 80% 以内。

4.4.10 拖动酸化作业。

4.4.10.1 连续油管下至设计井深。

4.4.10.2 按施工设计要求进行酸液泵注和连续油管拖动,最高泵注压力小于等于 60 MPa。

4.4.10.3 极限连续油管拖动拉力(内外压力为零的工况条件下)应控制在连续油管极限拉力的 80% 以内操作。

4.4.10.4 连续油管内外压力差宜控制在 20 MPa 内,防止连续油管变形或挤毁。

4.4.10.5 在井内压力作用下,连续油管最大拖动拉力应控制在该环境压力影响下

(可参照该规格连续油管双椭圆应力曲线)最大抗拉强度的80％以内。

4.4.11 起连续油管。

4.4.11.1 作业任务完成后,应在上提过程中对连续油管外壁进行防腐处理。井内有腐蚀性介质时,先用清水对连续油管外壁进行冲洗,再进行防腐处理。

4.4.11.2 根据悬重变化情况,调节内张、外张和驱动压力。

4.4.11.3 光连续油管最大上提速度不大于50 m/min,带工具管串最大上提速度不大于20 m/min。

4.4.11.4 最大上提拉力小于连续油管极限抗拉强度的80％。

4.4.11.5 当深度计数器显示深度为50 m时,将上提速度降至5 m/min,同时派专人观察注入头喇叭口,防止因计数器显示错误而导致连续油管在不受控制的情况下起出井口。

4.4.11.6 当计数器显示值为0时,试关闭清蜡闸门,判断连续油管(或工具)是否起离井口。对于井口压力低、远离火源且为光连续油管作业的井,可直接将连续油管起出防喷盒的喇叭口,及时关闭防喷器全封来实施井口控制。

4.4.12 在确认连续油管自由端起出井口后,关井口总闸或清蜡闸门,通过放喷管线或泵注设备针形阀泄压。

4.4.13 作业后,用清水加防腐剂或用氮气对连续油管内壁进行清洁、防腐保养。

4.5 施工设备的拆卸。

4.5.1 施工作业完成后,按照与安装相反的顺序拆卸连续油管作业设备。

4.5.2 在拆卸液压管线前,应对注入头、防喷器、防喷盒等的液压油路泄压。

4.5.3 注入头悬重液缸与框架应固定,滚筒应用紧线钳牢固固定。

4.5.4 设备归队后,应立即进行清洁和维护保养。防喷盒、防喷器、流量计内壁均应进行清洁、保养、上油,以备下次使用。

4.6 指重表校验。

4.6.1 校验条件:井段≥2 100 m的直井。

4.6.2 连续油管入井前,检查指重表液压油路是否畅通,液压油是否足够。检查轻重管油缸锁紧螺帽是否松开。

4.6.3 连续油管入井前,将指重表预调1.0 t悬重。检查液压油路,油量是否符合标准,作校验准备。

4.6.4 下连续油管至井深1 010 m,上提连续油管10 m,至1 000 m记录指重表指示悬重值。调悬重至理论值。

4.6.5 继续下连续油管。

4.6.6 下至井深2 010 m,检查传感液压油路是否漏油和油量是否符合标准。

4.6.7 上提连续油管10 m,至2 000 m记录悬重指示值。

4.6.8 在2 000 m井深,指重表值与理论值计算值差值＞±5％,就应分析差值原

因,并加以整改。计算公式如下:

$$误差 = \frac{理论悬重值 - 指重表显示值}{理论悬重值} \times 100\%$$

4.7 深度计数器校验。

4.7.1 施工作业前,对深度计数器清零,在连续油管上作起始标记。

4.7.2 将连续油管从滚筒拉出一个整数长度如 20 m 或 30 m(计数器显示值),固定连续油管。

4.7.3 用 50 m 钢卷尺对拉出的连续油管进行测量。

4.7.4 测量值与深度计数器显示值的差值大于±5‰就应分析差值原因,并加以整改。计算公式如下:

$$误差 = \frac{显示值 - 测量值}{测量值} \times 100\%$$

4.8 安全环保及质量要求。

4.8.1 安全要求。

4.8.1.1 所有工作人员按规定穿戴齐备劳保防护用品。

4.8.1.2 严禁无关人员进入危险区域。

4.8.1.3 灭火器摆放在Ⅲ类危险区,防毒器械摆放在安全区指定地点并由专人负责保管。

4.8.1.4 高空作业人员按规定穿戴好保险带,可靠固定后方可动作,随身工具要使用固定绳。

4.8.1.5 所有岗位人员随时与作业指挥保持联系,听从作业指挥的统一指令。

4.8.1.6 入井工具管串应接安全丢手。

4.8.1.7 工具管串中接有单流阀时,在井口压力超过作业设备额定工作压力 50% 的情况下,应以泵注设备的最小排量保持连续泵注,避免连续油管受到损伤。

4.8.1.8 操作手在遇到异常情况,如指重、泵压或井口压力等参数变化异常时,应立即报告作业指挥,不得擅自行动。

4.8.1.9 在排污池取样时应有两人:1 人取样,1 人在安全区观察并准备应急救援。

4.8.1.10 作业过程中要随时检查支撑柱、绷绳、地锚和起重设备的稳定情况。

4.8.1.11 严禁吊车在动力电线下作业,外伸支撑腿工作时,其附近不应站人,不应拖重物,不应超负荷工作。

4.8.1.12 吊重物前应将吊车停在平整、坚实的地面上,用水平仪确认整车居于水平,支撑腿下部不得有虚软地基,防止车体下陷和倾斜。

4.8.1.13 吊车吊重物时,重物正下方严禁站人,起重臂下方亦严禁站人。

4.8.1.14 支撑腿油缸下伸行程应以车底盘升高不超过 90 mm 为准,各车轮不应远离地面失去附着力。

4.8.1.15　严禁不打支撑腿吊重物。

4.8.1.16　作业时不应随便打开滚筒旋转阀门,以免造成设备损坏和人员伤害。

4.8.1.17　作业时注入头内张压力不应泄放,防止发生溜钻。

4.8.1.18　防喷器四联控制阀组和滚筒方向控制阀在正常工作时位置不应更改。

4.8.1.19　作业时不应用脚踩或挤压液压动力软管接头。

4.8.1.20　下油管时,若出现溜钻现象,不应用注入头或滚筒刹车来制动,以免拉断油管。正确的方法是:使用"满内张"加大注入头夹紧油缸的夹紧力,控制住油管运动速度,再将驱动压力降为零,以实现平稳制动。

4.8.1.21　在高压气井施工作业过程中,如果出现连续油管破裂,泵注设备应立即连续泵注清水或其他无害液体,同时上起连续油管,将连续油管全部起出井口后,停止泵注并关全封防喷器;如果出现连续油管断裂,立即坐防喷器卡瓦,用剪切闸板将连续油管剪断,关全封防喷器,控制井口,保证施工井的安全。

4.8.2　环保要求。

4.8.2.1　安装注入头排污管,减少油污对井口及附近的污染。

4.8.2.2　密封件、运转部件应无油污泄漏。

4.8.2.3　连续油管内的残酸或工作液排放到指定地点。

4.8.3　质量要求。

4.8.3.1　严格按设计和相关操作规程执行。

4.8.3.2　取全取准施工资料。

4.8.3.3　施工资料和施工总结应建档建卡。

⑤ 风险提示及控制措施

工作内容	风险提示	产生的原因	控制措施
施工准备及回厂检查	人员伤害、设备隐患影响施工质量	岗位责任心不强,巡回检查不到位	(1)各岗位严格执行《岗位操作技术规范》和《设备安全技术操作规程》。 (2)施工前必须参加技术、安全交底和分工会议,明确施工指挥者、主操作手和其他岗位负责人,了解施工程序、施工参数、技术要求和安全注意事项
施工往返过程	交通事故	违章行驶	严格执行《中华人民共和国道路交通安全法》,队车行驶,控制车速,保证设备安全
管线连接与拆卸	人员坠落、落物砸伤、意外伤害、设备损坏	岗位责任心不强,违章操作	遵守《酸化压裂施工安全管理规定》和《设备安全技术操作规程》

续表

工作内容	风险提示	产生的原因	控制措施
循环	管线不畅通发生爆裂、人员受伤、设备损坏	岗位责任心不强,违章操作	连接前检查管线通畅情况,循环时将闸门开启;设定超压保护
试压	高、低压管线破裂	未按规定进行高压管汇的检测	(1) 执行《高压管汇管理规定》,各泵车按施工要求设置超压保护。 (2) 试压值以施工设计为准,试压时保持稳压 5 min 不刺不漏为合格
泵注过程	堵管柱或砂堵	人员误操作;设备故障	(1) 按设计和现场指挥要求施工;所有岗位人员必须听从施工指挥一人发出的指令。 (2) 维护好设备
	酸蚀	酸液飞溅、罐阀门或管线腐蚀	(1) 定期对高、低压管汇进行检测,保证无刺漏。 (2) 所有施工人员,应严格按规定穿戴好劳动保护用品
	井场着火	油基压裂液施工过程中,泵送系统发生泄漏	(1) 油基压裂时高压检测中心要对管汇进行检测,以保证无刺漏。 (2) 严禁烟火,地面消防设施必须完好齐全
	听力损伤	未正确使用劳动保护用品	施工现场佩戴防噪音耳塞或对讲机
	源辐射	源泄漏、辐射	加入防护屏障,非工作人员远离放射源,工作人员连接数据线后快速撤离。施工完毕后及时关闭放射源闸板
	井口、高压管线刺漏伤人	无安全标识	(1) 必须有安全警告牌、警示带和风向标。 (2) 明确发生故障和危险的紧急措施,以及安全撤离路线。 (3) 非岗位操作人员,一律不允许进入高压区
施工结束	现场遗留废弃物	环境污染	(1) 生活垃圾和工业垃圾集中收藏,施工残液按上级主管部门技术人员指定地点排放。 (2) 如施工过程中发生液体刺漏或油料泄漏,应采取措施妥善处理,避免发生污染事故

⑥ 施工过程中风险应急处理的一般措施

主要概述施工过程中发生危险情况时,施工人员应迅速做出应急反应,以及处理风险的一般措施。

6.1 酸蚀。

6.1.1　发生人员被酸灼伤时,立即将被灼伤人员带领到清水和苏打水摆放处,用清水和苏打水清洗被灼伤人员的受伤处。

6.1.2　同时现场发现人员受伤立即向施工现场负责人报告。

6.1.3　现场负责人安排车辆将受伤人员送往就近医院治疗,并报上级主管部门。

6.2　交通事故。

6.2.1　发生交通事故时,事故单位负责人应以最快捷方式通知上级主管部门,通知内容包括:时间、地点、伤害原因、伤害人数、伤害程度等。

6.2.2　上级主管部门接到报告后须立即报告安全第一责任人及安全主管部门。

6.2.3　事故现场负责人必须以最快的速度,将伤员送至最近的医院抢救治疗,并在现场按要求摆放警示标志。

6.2.4　接到事故通知后,抢救组负责通知医院做好急救准备,迅速赶到医院,办理住院手续,同时派人及时做好伤员家属的安抚工作。

6.2.5　安全主管部门负责事故调查和现场处置。

6.3　管线连接时,发生人员坠落、落物砸伤、榔头伤人。

6.3.1　受伤较轻时,现场受过急救培训的人员立即利用现场急救包,现场进行处理。

6.3.2　受伤较重时,压裂现场负责人立即以最快捷方式通知上级主管部门,通知内容包括:时间、地点、伤害原因、伤害人数、伤害程度。

6.3.3　上级主管部门须立即报告安全第一责任人及安全主管部门。

6.3.4　事故现场负责人对受伤人员进行现场处理后,以最快速度将伤员送至最近医院抢救治疗。

6.3.5　接到事故通知后,抢救组负责通知医院做好急救准备,并办理住院手续,同时派人及时做好伤员家属的安抚工作。

6.3.6　安全主管部门负责事故调查和现场处置。

6.4　试压时造成高、低压管线破裂。

6.4.1　立即停止试压,更换破裂管线。

6.4.2　按规定对同批管线及活动弯头进行高压管汇的检测和探伤。

6.5　高压泵注。

6.5.1　高、低压管线破裂事故。

(1)泵工立刻紧急停泵。

(2)酸化压裂队作业工立刻关闭井口与管汇车之间的旋塞阀。

(3)作业工立即关闭井口阀门。

(4)酸化压裂现场指挥安排更换高、低压管汇,并组织对现场进行清理。

(5)由现场领导小组决定是否继续施工。

6.5.2　堵管柱或砂堵。

(1) 按现场施工工序要求降低排量,当压力超过设计最大值时,立即停泵。

(2) 开井放喷,至少放出一个管串容积的液量,将井筒中的浓砂液放出。

(3) 用基液试挤,如压力不超压,砂堵解除,可泵注一定量的冻胶液后继续加砂;如试挤压力快速上升,砂堵未解除,则停止试挤,用水或基液反循环洗井,直到洗通为止。

(4) 反循环洗井,出口管线必须用硬管线连接,返出物必须进罐,现场安全员在罐口做有毒有害气体检测。

(5) 洗通或放通后,由现场领导小组根据具体情况决定是否继续施工。

6.5.3　井场着火。

(1) 立刻紧急熄火,停泵;混砂车操作工紧急熄火,停止供液。

(2) 酸化压裂队应急小分队在现场总指挥的指挥下用车载灭火器施救。

(3) 通知消防车进入现场施救。

(4) 未连接管线的车辆司机立即将车辆开至安全地点。

(5) 作业队立即组织人员抢关井口阀门(无保护器)。

(6) 酸化压裂队立即组织作业工抢关井口与管汇之间的旋塞阀。

(7) 酸化压裂队作业工从放压阀放压。

(8) 各车司机、泵工配合砸开高压管线,在火情允许的情况下,将车辆开至安全地点。

(9) 现场抢险组在现场总指挥的统一指挥下,配合消防队灭火。

(10) 其余人员在现场总指挥的指挥下撤至安全集合点待命,并清点人数。

(11) 现场负责人立即通知上级主管部门,并报告火情、地点、是否需要增援。

(12) 上级主管部门立即通知第一责任人赶赴现场。

(13) 安全主管部门赶赴现场处理事故。

(14) 灭火中的注意事项:

① 灭火工作应采用"先控制,后灭火"的原则,防止火势蔓延和扩大。

② 现场救火人员必须在确保自身安全的情况下实施救火。

③ 火灾险情消除后,待安全人员检查现场,确认安全后,方可进行现场勘查工作。

二氧化碳增压泵车操作工岗位操作技术规范

①岗位任职条件

1.1 职业道德:有强烈的事业心和主人翁精神,为石油工业振兴努力工作。

1.2 文化程度:具有机械、柴司、采油工程类中等职业学校及以上(含技校、高中)文化程度。

1.3 职业资格:具有工程技术类中级及以上专业技术工人任职资格。

1.4 工作经历:从事本岗位操作技术工作一年以上或从事一线工作累计四年以上。

1.5 相关知识、能力要求:

1.5.1 系统地掌握采油工程、机械工程等基础理论知识及基本方法,掌握酸化压裂施工二氧化碳增压泵车的施工工艺技术。

1.5.2 具有一般的综合分析能力和判断能力,能处理二氧化碳增压泵车施工出现的一般工艺问题,保证施工质量。

1.5.3 懂得一般油品、水的常识和电工知识及二氧化碳基本常识。

1.5.4 持有有效的井控证、HSE培训证和特殊工种操作证。

1.5.5 身体健康,能承担较繁重的工作任务。

②岗位职责

2.1 本岗位向主管安全的副队长负责,认真履行岗位职责。

2.2 负责增压泵的例保、一保,坚持"十字"作业,按设备操作规程平稳操作。

2.3 负责设备在运转、施工中的巡回检查,负荷前的预热及各种高低压管汇的连接。

2.4 负责易损件的定期检查和更换,管好用好专用工具和随车工具。

2.5 负责检查设备的燃油、液压油、冷却液、润滑油,按规定补充同型号的液剂。

2.6 熟悉二氧化碳的性质及三种状态相互转化的条件。

2.7 熟知本岗位作业过程的风险识别、评价及控制措施。

2.8 负责设备使用、维护与管理,填好设备运转记录。

2.9 参加班前、班后安全会,对作业风险进行提示,相互监督,分工明确。

2.10 严禁违章作业,有权拒绝违章指挥,并对违章行为进行制止、监督、举报。

2.11 上岗时必须穿戴好劳动保护用品。

2.12 积极参加单位组织的 HSE 活动,接受 HSE 培训,执行 HSE 管理体系有关规定。

2.13 熟悉本岗位存在的风险和应急保护逃生知识、风险削减措施,在紧急情况下能够按应急计划的要求迅速撤离或投入急救工作。

2.14 及时认真地填写本岗位的有关安全资料。

2.15 完成上级部门及领导交办的其他工作。

(3) 岗位巡回检查

3.1 检查路线。

底盘传动系统→电路系统→气压系统→冷却系统→发动机→变速箱→增压泵→工具及其固定摆放。

3.2 检查项目及内容。

项目	检查内容
(1) 底盘传动系统	(1) 轮胎外观有无明显磨损、硬物嵌入及气压是否正常。 (2) 轮胎螺丝是否齐全、紧固,轴头润滑油液面。 (3) 钢板悬挂有无断裂、移位。 (4) 传动系统各传动轴螺丝是否齐全紧固,润滑良好,旋转部位是否配备防护罩。 (5) 刹车制动系统,手刹、脚刹及紧急制动效果是否良好。 (6) 转向系统各运动件连接是否良好、运转灵活,管线连接有无渗漏
(2) 电路系统	(1) 蓄电池电量是否充足,接线柱有无松动、锈蚀,液面是否高出极板 10～15 mm。 (2) 各仪表、灯光工作是否正常。 (3) 各线路有无裸露、老化、松动、打铁现象
(3) 气压系统	(1) 气路系统压力是否为 0.8 MPa。 (2) 气路管路各阀件调整是否适当,各管线连接有无漏气
(4) 液压系统	(1) 液压油面,油面达到高位液位计中部。 (2) 液压系统压力达到 10 MPa 以上。 (3) 液压管路,各阀件调整适当、各管线连接无渗漏
(5) 发动机	(1) 柴油箱油位。 (2) 冷却液,从水箱窥视孔检查冷却液面是否为正常。 (3) 机油面是否在油尺上的 FULL～ADD 刻线之间。 (4) 各滤清器是否清洁无污染、变形、渗漏、松动等现象。 (5) 传动皮带松紧程度是否适当,是否能下压传动皮带达 3～4 mm

续表

项目	检查内容
(6)变速箱	(1)变速箱油面,油眼冷油面达到表满位,热车油面达到油眼表中位。 (2)换挡阀位置,换挡阀置于空挡。 (3)分动箱手柄,分动箱"动力切换"手柄置"行车"位置,并固定好定位销
(7)增压泵	(1)增压泵润滑油。 (2)增压泵循环系统阀
(8)工具及固定摆放	(1)工具规格、数量是否符合配备标准。 (2)工具是否摆放在指定位置。 (3)工具是否固定牢靠

④ 岗位操作技术规范

4.1　出车前的准备。

4.1.1　对整车进行全性能检查。

4.1.2　检查液压油液面。

4.1.3　确定高压管汇及附件固定情况。

4.1.4　检查施工所需要的各种连接件、井口法兰等配件及工具是否齐全。

4.2　增压泵的操作。

4.2.1　必须穿好劳动保护用品,安全措施齐全。

4.2.2　施工中注意安全,做到三不伤害。

4.2.3　车辆进入施工场地后,根据现场指挥的命令将车辆停放到指定位置。

4.2.4　根据施工要求连接槽车、泵车、压裂车三者之间的液相、气相管线,确保管线连接牢固。

4.2.5　挂上取力器,待液压油温达到 30 ℃后,方可进行下一步操作。

4.2.6　打开增压泵车气相进口阀门,用二氧化碳气体吹扫泵车管路系统。

4.2.7　用二氧化碳气体给泵车管路系统充压,使压力上升到与槽车内压力接近,检查系统有无泄漏。

4.2.8　打开泵车液相进口阀门,使液态二氧化碳进入泵车管路系统,打开分离器上的放气阀使分离器中的液位上升到三个液位控制阀之间。

4.2.9　当增压泵壳体结霜后即可启动二氧化碳增压泵。

4.3　循环冷却压裂车三缸泵。

4.3.1　将管汇倒换至循环状态。

4.3.2　通过控制面板启动增压泵。

4.3.3 通过液位阀观察分离器中的液位,通过分离器上的放气阀保持分离器液位在适当位置。

4.3.4 当压裂车三缸泵表面结霜后即可进行正式施工。

4.4 施工。

4.4.1 关闭槽车气相阀,根据施工设计合理安排槽车一次连接数量。

4.4.2 主压车应逐步提高泵速,保证二氧化碳增压泵车供液充足。

4.4.3 根据施工排量要求,通过控制面板控制增压泵排量,通过液位阀观察分离器中的液位,通过分离器上的放气阀保证分离器中的液位在适当高度。当分离罐压力过高或压力上升快时,且通过液位阀泄压不能满足需要时,通过放气阀控制泄压。

4.4.4 观察并调节增压泵前后压差不大于 100 psi,正常工作时增压泵循环系统阀处于关闭状态,后压差不大于 100 psi 时打开,并适当降低增压泵转速,当压力符合要求时,逐步关闭循环阀。

4.4.5 随时观察槽车压力和液位的变化情况,保证压力不低于 0.6 MPa,当液量不够时及时关闭。

4.5 停机泄压。

4.5.1 通过控制面板停止泄压泵,摘掉取力器。

4.5.2 关闭槽车液相阀,打开气相阀,逐渐排放系统中的残余二氧化碳。

4.5.3 待压力降为零时,开大阀门至无二氧化碳气体排出后拆卸气相、液相管线。

⑤ 风险提示及控制措施

工作内容	风险提示	产生的原因	控制措施
施工准备及回厂检查	人员伤害、设备隐患影响施工质量	岗位责任心不强,巡回检查不到位	(1) 各岗位严格执行《岗位操作技术规范》和《设备安全技术操作规程》。 (2) 施工前必须召开技术、安全交底和分工会议,明确施工指挥者、主操作于和其他岗位负责人,了解施工程序、施工参数、技术要求和安全注意事项
	窒息伤亡	高浓度的 CO_2 可以使人昏迷或死亡	(1) 在库房内拆卸盛装 CO_2 的设备,装有 CO_2 的设备不得进入维修库房。 (2) 进入存放 CO_2 设备的库房,必须先通风后进入
施工往返过程	交通事故	违章行驶	严格执行《中华人民共和国道路交通安全法》,队车行驶,控制车速保证设备安全

工作内容	风险提示	产生的原因	控制措施
管线连接与拆卸	人员坠落、落物砸伤、意外伤害、设备损坏	岗位责任心不强,违章操作	遵守《酸化压裂施工安全管理规定》和《设备安全技术操作规程》
	窒息伤亡	高浓度的 CO_2 可以使人昏迷或死亡	管线、管汇同时向外排放 CO_2,瞬时间 CO_2 浓度很高,施工人员撤到场地外的上风头
循环	管线不畅通发生爆裂、人员受伤、设备损坏	岗位责任心不强,违章操作	连接前检查管线通畅情况,循环时将闸门开启;设定超压保护
试压	高、低压管线破裂	未按规定使用高压硬管线	(1) CO_2 高压泵的排出管线必须用高压硬管线。 (2) 严禁使用高压软管
泵注过程	低温对设备的损害	充分预冷却	在向井内泵注 CO_2 前,必须先在泵、罐之间进行循环,充分冷却供液管线、三缸泵液力端,直到整个液路系统全部结霜
	防止冻伤	接触 CO_2 低温管线或结冰霜设备部件	(1) 无论冬、夏,必须带棉工作手套。 (2) 所有施工人员,应严格按规定穿戴好劳动保护用品
	井场着火	油基压裂液施工过程中,泵送系统发生泄漏	(1) 油基压裂时高压检测中心要对管汇进行检测,以保证无刺漏。 (2) 严禁烟火,地面消防设施必须完好齐全
	听力损伤	未正确使用劳动保护用品	施工现场佩戴防噪音耳塞或对讲机
	窒息伤亡	CO_2 的密度为空气的 1.5 倍	(1) 严禁到井场附近的低洼地带逗留。 (2) 必须进行施工时,要采取人工通风措施
	井口、高压管线刺漏伤人	无安全标识	(1) 必须有安全警告牌、警示带和风向标。 (2) 明确发生故障和危险的紧急措施,以及安全撤离路线。 (3) 非岗位操作人员,一律不允许进入高压区

续表

工作内容	风险提示	产生的原因	控制措施
施工结束	"冰炮"伤人	拆卸 CO_2 管线	(1) 应站在管线接口的侧面,不要正对管线口。 (2) 搬运管线时,管线头要向下
	由壬或管线破裂	榔头过大,用力过猛	(1) 装卸 CO_2 管线由壬的手锤不应大于 4 磅。 (2) 要轻轻敲打,特别是施工后的拆卸
	窒息伤亡	高浓度的 CO_2 可以使人昏迷或死亡	(1) 禁止在井场附近的低洼地带逗留。 (2) 全部人员要停止作业,迅速撤到场地外的上风头

⑥ 二氧化碳增压泵施工安全及要求

6.1 CO_2 高压泵的排出管线,不得使用高压软管,必须使用高压硬管线。

6.2 地面管线与高压管汇或泵车的连接,必须用高压硬管线,严禁使用高压软管。

6.3 无论冬、夏,凡是接触 CO_2 低温管线或其他结冰霜设备部件时,必须带棉工作手套,防止冻伤。

6.4 施工结束,拆卸 CO_2 管线时,应站在管线接口的侧面,不要正对管线口。搬运管线时,管线头要向下,以防"冰炮"伤人,损坏设备。

6.5 在向井内泵注 CO_2 前,必须先在泵、罐之间进行循环,充分冷却供液管线、三缸泵液力端,直到整个液路系统全部结霜,防止低温对设备的损害。

6.6 结束循环,改为向井内注入时,必须先行打开三缸泵的排出闸门,然后再关闭循环闸门,防止憋泵,酿成事故。

6.7 装卸 CO_2 管线由壬的手锤不应大于 4 磅,并要轻轻敲打,特别是施工后的拆卸,在低温下用力敲打很容易使由壬螺母破裂。

6.8 应经常检查液力端受压件、受力件的完好状况,特别是经较高的施工压力后。检查发现有损伤、裂纹的部件要立即更换。

6.9 施工时远离泵头和高压区。

6.10 施工过程中必须控制好气液分离器液面,绝对防止气体进入高压柱塞泵。无论是否出现安全问题,只要在施工过程中气体进入了高压柱塞泵,就视为生产事故。

6.11 无论是否在施工过程中,都有发生窒息伤亡的危险,因此应特别注意。

6.11.1 当空气中 CO_2 浓度为 5% 时,将使呼吸频率增加 300%。高浓度的 CO_2 可以使人昏迷或死亡。

6.11.2 正常情况下空气中 CO_2 浓度为 300 ppm,人类最大可承受的 CO_2 浓度为每天 8 小时 5 000 ppm。

6.12　CO_2 的密度为空气的 1.5 倍，CO_2 易聚集在低洼处，因此在 CO_2 的运输、储存与施工过程中应采取相应的防范措施。

6.12.1　进入存放 CO_2 设备的库房，必须先通风后进入。

6.12.2　无风天严禁在狭小的低洼地带进行 CO_2 施工。必须进行施工时，要采取人工通风措施。

6.12.3　进行 CO_2 施工作业及作业后的短时间内，严禁到井场附近的低洼地带逗留。

6.12.4　严禁在库房内拆卸盛装 CO_2 的设备。装有 CO_2 的设备不得进入维修库房。

6.12.5　CO_2 施工后，特别是两个以上 CO_2 罐参与施工，在施工结束时，管线、管汇同时向外排放 CO_2，瞬时间 CO_2 浓度很高，此时全部人员要停止作业，迅速撤到场地外的上风头。

酸化压裂车驾驶员岗位操作技术规范

① 岗位任职条件

1.1 职业道德:有较强的事业心和责任感,发扬艰苦奋斗、团结协作、顾全大局的精神。

1.2 文化程度:具有中等职业学校及以上(含技校、高中)文化程度。

1.3 职业资格:具有初级工及以上技术级别汽车驾驶员岗位资格,取得机动车驾驶证、驾驶员上岗证或准驾证。

1.4 工作经历:从事一年以上大车驾驶工作,安全行驶 1×10^4 km 以上。

1.5 相关知识、能力要求:

1.5.1 知道一般的电工、化学、力学基本知识。

1.5.2 知道内燃机各系统的构造、工作原理和性能规范。

1.5.3 持有有效的 HSE 培训证和上岗合格证。

1.5.4 掌握所驾车辆的结构、性能、原理和各种技术参数,会操作、会维修、会排除车辆常见故障;能熟练驾驶、使用本岗设备。

1.5.5 能排除所驾车辆底盘油、气、电路一般故障。

1.5.6 了解所驾车辆台上设备特性及酸化压裂工艺过程的基本知识。

1.5.7 身体健康,能承担较繁重的工作任务。

② 岗位职责

2.1 严格遵守国家的法律、法规、企业各项规章制度。认真执行交通法规,禁止一切违章行为,确保行车安全,对职责范围内的违章行为造成的后果负责。

2.2 认真掌握本岗位的工作职责和操作规程,做到文明驾驶。

2.3 积极参加安全培训教育和岗位技术培训,掌握本岗位所需的安全生产知识和操作技能,不断提高业务素质。

2.4 负责所驾车辆的例保、一保,坚持"十字"作业,负责设备所用油、水的数量和质量。爱护车辆,严格按保养规程巡回检查保养好设备,使设备保持良好的技术状况。

2.5 认真学习本岗位的风险削减措施和公司应急反应预案中的有关规定,积极参加各项应急演练活动,提高自救互救能力,防患于未然。

2.6 负责设备出车前、行车中和回厂后的例行检查、保养,不开带"病"车,搞好车组配合,保证各项工作任务的完成。

2.7 负责驾驶车辆的随车工具、附件及车辆各种证件齐全,做到账物相符。

2.8 服从调度安排,按规定车速驾驶,坚持队车出、队车归、按时出车,按时到达用车现场,按规定路线行车,不擅自变更行车路线、搭乘人员及货物。

2.9 认真填写好设备运行记录,各项资料齐全、准确。

2.10 在施工作业现场,配合操作工完成管线连接和拆卸等工作。

2.11 搞好设备卫生、环境卫生、生产卫生。

2.12 了解本岗位存在的风险及风险控制措施。明确本岗位 HSE 有关要求,积极参加与本岗位有关的 HSE 教育培训。

2.13 完成上级部门及领导交办的其他工作任务。

③ 岗位巡回检查

3.1 检查路线。

底盘传动系统→电路系统→气压系统→台下发动机→消防器材→驶离井场→汽车底盘。

3.2 检查项目及内容。

项目	检查内容
(1) 底盘传动系统	(1) 检查轮胎外观有无明显磨损、有无硬物嵌入,气压是否正常。 (2) 检查轮胎轴头润滑油是否在 1/2 处,螺丝是否齐全、紧固。 (3) 检查钢板悬挂有无断裂、移位。 (4) 检查传动系统各传动轴螺丝是否齐全、紧固,润滑良好。 (5) 检查刹车制动系统,手刹、脚刹及紧急制动效果是否良好。 (6) 检查转向系统各运动件连接是否良好、运转是否灵活,管线连接有无渗漏。 (7) 检查各部固定螺丝有无松动、缺失,是否牢固可靠
(2) 电路系统	(1) 检查蓄电池电量是否充足,电瓶接线头及固定螺丝是否牢固可靠,电瓶液是否充足。 (2) 检查仪表、灯光是否工作正常,牢固可靠。 (3) 检查线路有无裸露、老化、松动、打铁现象
(3) 气压系统	(1) 检查气路开关是否打开。 (2) 检查气路管路各阀件是否调整适当,各管线连接有无漏气
(4) 台下发动机	(1) 检查柴油箱盖是否牢固,滤网是否清洁,燃油是否充足。 (2) 检查冷却液有无报警。 (3) 检查机油面是否在油尺 FULL～ADD 之间。 (4) 检查空气滤清器是否清洁无污染、牢固可靠。 (5) 检查风扇皮带松紧是否适当。 (6) 检查各滤清器有无变形、渗漏、松动等现象,是否牢固可靠

续表

项目	检查内容
(5)消防器	(1)检查压力指针是否在绿色区域。 (2)检查消防器各部件是否齐全,有无缺损。 (3)检查固定是否牢固可靠
(6)驶离井场	撤离井场时检查底盘制动系统、转向系统和电路系统是否正常
(7)汽车底盘	(1)检查轮胎外观有无明显磨损、硬物嵌入,气压是否正常。 (2)检查轮胎轴头润滑油是否在 1/2 处,螺丝是否齐全、紧固。 (3)检查钢板悬挂有无断裂、移位。 (4)检查传动系统各传动轴螺丝是否齐全、紧固,润滑是否良好。 (5)检查刹车制动,手刹、脚刹及紧急制动效果是否良好。 (6)检查转向系统各运动件连接是否良好、运转是否灵活,管线连接有无渗漏。 (7)检查各部固定螺丝有无松动、缺失,是否牢固可靠。 (8)检查蓄电池电量是否充足,电瓶接线头及固定螺丝是否牢固可靠。 (9)检查仪表、灯光工作是否正常、牢固可靠。 (10)检查线路有无裸露、老化、松动、短路现象

第一方位:二项七点
1.前车灯、牌照;
2.机油尺、方向助力器、油罐、水箱、风扇皮带、发电机皮带

第二方位:二项七点
1.各仪表、喇叭、电器开关;
2.手刹车、方向盘、雨刮器、各证件

第三方位:一项二点
1.柴油箱、传动轴

第四方位:二项五点
1.左中后轮胎气压、轮胎螺丝、轴头螺丝;
2.钢板、刹车分泵软管

第五方位:一项三点
1.尾部灯光、牌照、备胎

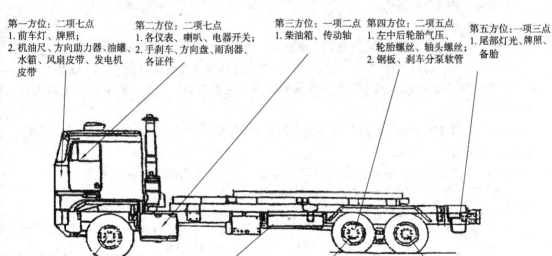

第六方位:二项七点
1.轮胎气压、轮胎螺丝、轴头螺丝及油位;
2.钢板、刹车分泵软管、直拉杆、横拉杆

第七方位:一项二点
1.电瓶、气瓶

第八方位:二项五点
1.右中后轮胎气压、轮胎螺丝、轴头螺丝;
2.钢板、刹车分泵软管

第九方位:二项七点
1.轮胎气压、轮胎螺丝、轴头螺丝及油位;
2.钢板、刹车分泵软管、直拉杆、横拉杆

压裂车底盘巡回检查图(以 C500K 型压裂车为例)
共九方位十五项四十五点

④ 岗位操作技术规范

4.1 发动机启动前。

4.1.1 参加每天的生产例会,接受当天的工作任务。

4.1.2 检查各液面、油面是否正常。

4.1.3 检查风扇皮带和附属装置。

4.1.4 检查喇叭、灯光和制动。

4.1.5 检查轮胎气压及所有紧固部位。

4.2 正常启动。

4.2.1 变速箱挂空挡。

4.2.2 踏下离合器踏板。

4.2.3 打开钥匙开关。

4.2.4 按压启动按钮或转动开关,驱动发动机,直到启动。

4.2.5 观察润滑油压力大约在 105 kPa。

4.2.6 油门预置到怠速 800～1 000 r/min。

4.2.7 解除停车制动。

4.3 怠速检查。

4.3.1 发动机发动后,在怠速约 600 r/min 下进行检查。

4.3.2 观察润滑油压力大约在 105 kPa,观察冷却液温度至少达到 71 ℃,前后气压系统压力达到 482 kPa。(两个回路的气压至少都要在 690 kPa 以上才能解除停车制动,开动车辆。)

4.3.3 以 600 r/min 怠速几分钟后,发动机转速应增加到 900～1 000 r/min,即须待温,待温不超过 5 min。

4.3.4 变速箱处于中间位置,松开离合器踏板,对变速箱润滑油进行加温。

4.3.5 车辆无人照看时,手刹车和脚刹车要同时使用。

4.3.6 观察各仪表是否正常。

4.4 起步。

4.4.1 踏下离合器踏板,挂一挡起步;在起步前驾驶员应查看车上情况,车辆四周、车下有无障碍后,再鸣喇叭起步。

4.4.2 起步后用低速挡行驶一段路程后,待底盘各摩擦机件得到润滑后方可加速前进。

4.4.3 温度表及油压表达到正常后,油压大约在 200～500 kPa 方可增加挡位和加大油门。

4.5 车辆驾驶。

4.5.1 驾驶姿势:驾驶车辆时,姿势要规范,操作要平稳准确。身子坐正,眼观前方,双手扶方向盘,操作不低头下看。

4.5.2 掌握方向盘:手握方向盘时,要四指自然并拢,拇指自然贴在方向盘上面,不要一把抓,所握位置准确。不得将胳膊靠在车门上,不得单手扶方向盘。

4.5.3 使用离合器:在行驶中,驾驶员不要把脚放在离合器踏板上,非必要时不得使用半离合器(半联动)。使用离合器时要迅速踏下,缓慢放松(特殊情况除外)。

4.5.4 转弯时的操作:车辆转弯时,要事先减低油门,轻踩制动降低车速,不要踩离合器。必要时应减挡降速,待转过弯后再增挡加速。必须做到减速、鸣号、靠右行。严禁弯道超车。

4.5.5 车辆下坡:长坡下行时降低挡位行驶,依靠发动机制动控制行驶速度,防止刹车鼓温度过高。严禁空挡滑行和超速行驶下坡。

4.5.6 行驶中的观察:车辆在行驶中,应经常通过后视镜看后面是否来车和车上货物装载情况;各仪表工作是否正常;利用各种行车速度听察发动机及底盘在运行中的声响是否有异常现象;查看各操作机件仪表工作是否良好。

4.5.7 查看道路:在行驶中,遇有道路毁坏、施工或其他原因堵塞道路时,应停车查明情况,不得强行,遇有险道或险桥时,应将车停放在安全地点,查看有无危险,确认无危险时,再缓慢通过,不得冒险通行。

4.5.8 通过城市、村镇:车辆通过城市、村镇、交叉路口时,要提高警惕,遵守交通规则,缓慢行驶。要注意观察道路两边情况,注意车、马、行人动态,以防意外。

4.5.9 夜间行车:夜间行车更要提高警惕,控制车速,使用好灯光。注意防止会车相挂和跟车过近相撞。注意观察道路情况,注意在道路上玩耍的儿童和横穿马路的行人。在不了解道路情况时,更应小心,遇有险要路段,应停车查看,不可盲目通行。

4.5.10 雨雾天行车:在雨天行车,要勤试勤看制动器和雨刮器工作是否正常有效。在雨水路面和泥泞路面行驶,要合理利用油门,不能忽高忽低,尽量避免紧急制动,防止车辆侧滑,造成危险。要注意路旁的电线杆、电线、道旁树倒倒,避免措手不及造成危险。遇暴风雨不能继续行驶时,停车要选择安全地段,不得在河边、堤边、沟边停放,以免发生危险。遇有大雾时,必须打开防雾灯或小灯,最高车速不得超过 $20\ km/h$。

4.5.11 冬季行车:冬季行车时,要注意发动机保温,操作要平稳,以防机件断裂,车速要适当,制动器要勤检查,保证有效好用。路滑时要挂防滑链条。中途临时停车时要注意防止冻结。

4.5.12 公路停车:在公路上停车时,应先选择好停车路段,在不影响其他车辆通行的情况下,靠路右边依次停放,不准在公路上将车辆并排停放或在路左停放。

4.5.13 车辆停放。

4.5.13.1 车辆在行驶中需要临时停放时,应先轻点制动器,减慢车速,开右转向灯,靠路右停放。未遇特殊情况,不准紧急制动或将车任意停放,给后车造成措手不及、发生危险或阻碍其他车辆通行,堵塞交通。

4.5.13.2 车辆回场停放时,应按指定地点停放。车辆要摆放整齐。待车停稳后,拉紧手制动,变速杆放在空挡位置,取下点火开关钥匙,关好车门(加锁)。在招待所或停车场停放车辆时要服从管理人员的指挥和安全管理。不准在厂区、家属区停放机动车辆。车辆停放后要检查车上机件有无其他情况。

4.5.14 行车途中的检查:车辆在行驶过程中需要停车检查时,发动机要熄火,检查传动、转向、轮胎等安全部位是否固定牢固,轮胎气压是否符合要求,车上机件是否良好。

4.5.15 排除故障:车辆如有故障,应立即进行修理排除,不得凑合带"病"行驶。在修理车辆时,驾驶室不得进入,需打好掩木。修车时要注意安全,以免发生意外。

4.6 车辆到达施工现场。

4.6.1 司机工作前必须穿戴好劳动保护用品。

4.6.2 在柴司的协助下把车停到指定位置,要离开高压管线一定距离。

4.6.3 车辆定好位,放好车轮垫块。

4.6.4 协助柴司接好高、低压管线,软管线不得有死弯,排出管线应有两个以上的活动弯头且顺延落地,单流阀接在中间,接好仪表电缆线。

4.6.5 协助柴司将底车的动力输出端啮合上,将底盘发动机怠速,使转速约为1 500 r/min,打开通向控制台的气阀,启动台上发动机。

4.6.6 施工结束后协助柴司整理好管线、接头、工具等,并帮助清理井场。

4.7 车辆回场。

4.7.1 以1 000 r/min的怠速让发动机运转5 min,然后在低怠速下工作30 s后才能熄火。

4.7.2 设置停车制动,进行回场检查,若发现故障应及时排除,排除不了的应及时向队里汇报。

4.7.3 放出储气罐里的水,关闭电瓶电源总开关。

4.7.4 关闭窗户并锁好车门及库门。

4.8 冬季操作规程。

4.8.1 当气温低于零下20 ℃时,必须对关键部位进行防冻保护,如:压裂泵车的压力传感器、表车监测的油压和井口套压的压力传感器以及地面流程的安全泄压阀和放压旋塞阀等。

4.8.2 冬季施工中途停泵后,再次起泵前应对泵头、地面流程和井口装置预热,确保畅通后方可重新开始施工。施工结束后应将所有设备、管汇中的残液放净。

4.9 车辆防火。

4.9.1 车辆在行驶过程中,确保车辆配备的灭火器有效,应随时检查电、油路有无异常,防止电路松动打铁或油管破裂起火。

4.9.2 车辆进入油气区时,要严格遵守油气区(单位)的防火规定。严禁挂防滑链条进入油气区及在油气区检修车辆。

4.9.3 车辆进入油库加油时,不得把其他人员带入库内,加油时发动机要熄火,加油后盖紧油箱盖。

4.9.4 车辆保养:驾驶员对车辆进行保养或检修机件时,不准用汽油擦洗发动机及车身。

⑤ 风险提示及控制措施

作业内容	风险提示	控制措施
出车前的巡回检查	(1) 驾驶室下落压伤。 (2) 人员摔伤。 (3) 砸伤。 (4) 意外碰伤。 (5) 烫伤	(1) 下驾驶室,必须将保险装到位,防止驾驶室落下伤人。 (2) 上下车辆必须抓牢、踩实,严禁直接跳下,防止摔伤。 (3) 检查防冻液时,必须在冷却后进行,防止防冻液将检查人员烫伤。 (4) 检查车辆时,正确穿戴劳动保护用品,查看周围环境,防止碰伤和意外伤害
行驶往返过程中	疲劳、带"病"驾驶导致交通事故	(1) 出车前做好巡回检查工作,带"病"车辆禁止出车。 (2) 严格遵守《中华人民共和国道路安全交通法》和公司相关交通管理规定,队车行驶,按指定路线行车、进出井场
	超速、违章、违法行驶	(1) 遵守冬季操作规定,在冰雪路面上按要求控制好车速。 (2) 严禁将车辆交他人驾驶或无证人驾驶。 (3) 按时参加施工交底,按交底路线行车,不得私自改变行车路线
	设备故障	严格执行公司《设备安全技术操作规程》做好日常的巡回检查
	行驶途中压裂液、支撑剂泄漏	压裂液、支撑剂装完毕后,检查罐盖以及闸门是否齐全有效
	行驶途中车载管线等物件掉落伤人	(1) 行驶前检查,并固定牢固。 (2) 行驶中定点停车时,检查并固定牢固
	危险品运输中发生泄漏或静电打火	(1) 定期对罐体进行检测。 (2) 使用安全可靠的闸阀。 (3) 密闭运输。 (4) 正确使用静电接地保护装置

续表

作业内容	风险提示	控制措施
车辆现场摆放	车辆碰挂、人员伤害、损坏井场设施、车辆塌陷	(1) 车辆进入井场时,观察环境(电线、油井设施、井架绷绳、泥浆池等),防止损坏井场设施或车辆塌陷。 (2) 车辆进入施工场地,队长根据井场情况依次将车辆指定到位避免车辆碰挂。 (3) 车辆进入摆放连接时必须有车组人员依次指挥,防止人员受伤或车辆相挂
	管汇吊车起吊时,砂罐车举升砂罐举升后未放下就起步,挂断电线或通讯线	严格按照《设备安全技术操作规程》执行
回厂后巡回检查	(1) 驾驶室下落压伤。 (2) 人员摔伤。 (3) 砸伤。 (4) 意外碰伤。 (5) 烫伤	(1) 下驾驶室,必须将保险装到位,防止驾驶室落下伤人。 (2) 上下车辆必须抓牢、踩实,严禁直接跳下,防止摔伤。 (3) 检查防冻液时,必须在冷却后进行,防止防冻液将检查人员烫伤。 (4) 检查车辆时,正确穿戴劳动保护用品,查看周围环境,防止碰伤和意外伤害

⑥ 施工过程中风险应急处理的一般措施

主要概述施工过程中发生危险情况时,施工人员应迅速做出应急反应,以及处理风险的一般措施。

6.1 酸蚀。

6.1.1 发生人员被酸灼伤时,立即将被灼伤人员带领到清水和苏打水摆放处,用清水和苏打水清洗被灼伤人员的受伤处。

6.1.2 同时,现场发现人员受伤立即向施工现场负责人报告。

6.1.3 现场负责人安排车辆将受伤人员送往就近医院治疗,并报上级主管部门。

6.2 交通事故。

6.2.1 发生交通事故时,事故单位负责人应以最快捷方式通知上级主管部门,通知内容包括:时间、地点、伤害原因、伤害人数、伤害程度等。

6.2.2 上级主管部门接到报告后须立即报告安全第一责任人及安全主管部门。

6.2.3 事故现场负责人必须以最快的速度,将伤员送至最近的医院抢救治疗,并在现场按要求摆放警示标志。

6.2.4 接到事故通知后,抢救组负责通知医院做好急救准备,迅速赶到医院,办理住院手续,同时派人及时做好伤员家属的安抚工作。

6.2.5 安全主管部门负责事故调查和现场处置。

6.3 管线连接时,发生人员坠落、落物砸伤、榔头伤人。

6.3.1 受伤较轻时,现场受过急救培训的人员立即利用现场急救包,现场进行处理。

6.3.2 受伤较重时,压裂现场负责人立即以最快捷方式通知上级主管部门,通知内容包括:时间、地点、伤害原因、伤害人数、伤害程度。

6.3.3 上级主管部门须立即报告安全第一责任人及安全主管部门。

6.3.4 事故现场负责人对受伤人员进行现场处理后,以最快速度将伤员送至最近医院抢救治疗。

6.3.5 接到事故通知后,抢救组负责通知医院做好急救准备,办理住院手续,同时派人及时做好伤员家属的安抚工作。

6.3.6 安全主管部门负责事故调查和现场处置。

6.4 试压时造成高、低压管线破裂。

6.4.1 立即停止试压,更换破裂管线。

6.4.2 按规定对同批管线及活动弯头进行高压管汇的检测和探伤。

6.5 高压泵注。

6.5.1 高、低压管线破裂事故。

(1)泵工立刻紧急停泵。

(2)酸化压裂队作业工立刻关闭井口与管汇车之间的旋塞阀。

(3)作业工立即关闭井口阀门。

(4)酸化压裂现场指挥安排更换高、低压管汇,并组织对现场进行清理。

(5)由现场领导小组决定是否继续施工。

6.5.2 堵管柱或砂堵。

(1)按现场施工工序要求降低排量,当压力超过设计最大值时,立即停泵。

(2)开井放喷,至少放出一个管串容积的液量,将井筒中的浓砂液放出。

(3)用基液试挤,如压力不超压,砂堵解除,可泵注一定量的冻胶液后继续加砂;如试挤压力快速上升,砂堵未解除,则停止试挤,用水或基液反循环洗井,直到洗通为止。

(4)反循环洗井,出口管线必须用硬管线连接,返出物必须进罐,现场安全员在罐口做有毒有害气体检测。

(5)洗通或放通后,由现场领导小组根据具体情况决定是否继续施工。

6.5.3 井场着火。

(1)立刻紧急熄火,停泵;混砂车操作工紧急熄火,停止供液。

(2)酸化压裂队应急小分队,在现场总指挥的指挥下用车载灭火器施救。

（3）通知消防车进入现场施救。

（4）未连接管线的车辆司机立即将车辆开至安全地点。

（5）作业队立即组织人员抢关井口阀门（无保护器）。

（6）酸化压裂队立即组织作业工抢关井口与管汇之间的旋塞阀。

（7）酸化压裂队作业工从放压阀放压。

（8）各车司机、泵工配合砸开高压管线，在火情允许的情况下，将车辆开至安全地点。

（9）现场抢险组在现场总指挥的统一指挥下，配合消防队灭火。

（10）其余人员在现场总指挥的指挥下撤至安全集合点待命，并清点人数。

（11）现场负责人立即通知上级主管部门，并报告火情、地点、是否需要增援。

（12）上级主管部门立即通知第一责任人赶赴现场。

（13）安全主管部门赶赴现场处理事故。

（14）灭火中的注意事项：

① 灭火工作应采用"先控制，后灭火"的原则，防止火势蔓延和扩大。

② 现场救火人员必须在确保自身安全的情况下实施救火。

③ 火灾险情消除后，待安全人员检查现场，确认安全后，方可进行现场勘查工作。

酸化压裂作业工岗位操作技术规范

① 岗位任职条件

1.1 职业道德:热爱石油事业,热爱本职工作,有较强的事业心和责任感,工作中密切配合,积极协作。

1.2 文化程度:具有中等职业学校(含技校、高中)及以上文化程度。

1.3 职业资格:具有初级工及以上井下作业工或与之相关专业任职资格。

1.4 工作经历:经过专业培训三个月后方可在此岗位任职。

1.5 相关知识、能力要求:

1.5.1 知道一般力学、化学、物理基础知识。

1.5.2 持有有效的井控证和 HSE 培训证。

1.5.3 掌握本岗使用管汇、活动弯头规格及使用负荷,知道各类压裂井口装置和承载负荷、酸化压裂各种车辆的基本工作流程、一般酸化压裂作业工序及各工序的井口流程倒换。

1.5.4 根据现场情况和现有管汇,组合高、低压管线,并使其达到技术标准。

1.5.5 能完成循环、试压、施工作业,放喷以及排液等井口配合工作。

1.5.6 能判断工作液量的多少,合理倒换储液罐阀门,控制液面不抽空。

1.5.7 能根据现场地形合理摆罐,做到少占用耕地,并满足摆车和加砂要求。

1.5.8 身体健康,能承担较繁重的工作任务。

② 岗位职责

2.1 严格执行 HSE 管理规定和本岗位操作规程。

2.2 根据设计要求(或调度派工单)吊装、搬运和现场摆放大罐,罐群应集中放置,以减少供液管线长度。罐与井口之间要能摆放所用压裂设备,以利于施工。

2.3 保养维护管理好管汇、管线、各种接头、配件及工具;根据施工要求,配齐带全施工所需的配件、密封胶圈、管汇、接头及工具;根据现场情况合理安排高、低压管线的连接,并执行高、低压管线连接标准。

2.4 连接弯头及高压管线时,负责检查或更换高压密封垫,清理由壬扣,涂油并上满扣,用榔头轻轻砸紧。

2.5 清楚施工井的情况和施工各工序过程。

2.6 在现场施工中,坚守岗位,并按施工指挥人员的指挥进行操作。对施工现场进行巡检时执行高压作业安全规定，发现异常情况及时报告现场指挥。

2.7　了解本岗位存在的风险、可能导致的危害和不安全因素，发现并立即排除事故隐患，不能排除时向领导和 HSE 监理报告。

2.8　施工中严格执行安全规章制度及 QHSE 操作规程，严禁进入高压区。不得穿戴有钉子的鞋上罐，开关井口阀门一定要按安全操作规程进行操作。

2.9　负责液罐液面的观察和控制，及时倒换各种工作液。

2.10　施工结束后，按顺序拆卸管线及配件，按 HSE 标准清理井场，并负责对高、低压管线，弯头，闸门等附件进行清洁和保养。

2.11　掌握与本岗位有关的 QHSE 管理要求，负责本岗位 QHSE 的控制。

2.12　积极参加 HSE 培训和应急演练活动，提高自救互救能力，防患于未然，履行本岗位 HSE 应急职责。

2.13　对本岗位检查发现的问题及时进行整改。

2.14　及时认真地填写本岗位的有关安全资料，并完成领导交办的其他工作。

(3) 岗位巡回检查

3.1　检查路线。

井口→放空管线→高压组件(压力传感器、投球器等)→高压管汇→低压管汇及罐区。

3.2　检查项目及内容。

项目	检查内容
(1) 井口	(1) 了解施工井口型号及最高工作压力。 (2) 了解放空出口管线是否安装喷嘴。 (3) 检查井口阀门开关情况，法兰螺栓是否齐全、上紧、上平。 (4) 检查井口地锚绷绳固定情况。 (5) 检查平衡管线及套管压力传感器安装情况
(2) 放喷管线	(1) 检查放喷阀门开关情况。 (2) 检查放喷管线固定情况。 (3) 放喷管线是否装 120°出口弯管。 (4) 检查放喷池或排污罐情况
(3) 高压组件	(1) 检查高压放空阀门开关情况。 (2) 检查压力传感器高压三通、单流阀是否垂直。 (3) 检查投球器工作情况
(4) 高压管汇	(1) 检查各高压管线、弯头由壬连接部位。 (2) 检查各泵管高压旋塞阀的开关情况
(5) 低压管汇及罐区	(1) 各罐出口阀门的开关情况。 (2) 低压管线连接是否合理。 (3) 了解储液罐区各大罐内液体的种类和数量

④ 岗位操作技术规范

4.1　井场勘查。

4.1.1　所有施工人员,应严格按规定穿戴好劳动保护用品。

4.1.2　按设计施工规模确定井场范围。

4.1.3　检查井场有无泥浆坑、地桩、电线等不安全因素,确保压裂车能顺利进入井场,进入摆放位置。

4.1.4　绘制井场、道路勘查图并及时将井场道路(桥梁、隧洞)情况汇报生产指挥系统。

4.2　施工作业的准备。

4.2.1　罐类的准备。

4.2.1.1　按照施工设计准备用罐规格及数量。

4.2.1.2　用清水对施工所要使用的罐进行清洗。

4.2.1.3　各种储存液罐的闸阀应开关灵活,密封性能良好,连接口固定牢靠。

4.2.1.4　各种储液罐必须清洁,标位管透明畅通。

4.2.2　管汇的准备。

4.2.2.1　根据施工作业设计的排量、使用罐的数量,确定低压分配器的规格及使用数量。低压分配器组上的接口数应比施工使用接口数多1~2个,且每个接口上都必须安装相应的蝶阀。

4.2.2.2　对施工所要使用的低压分配器组以及所有进出口蝶阀的端面、密封盘根进行全面检查。

4.2.2.3　根据施工作业使用的罐类型、低压分配器组,确定供液设备的规格、低压管线的数量及相互间扣形连接的规格。

4.2.2.4　所有压裂液罐或酸罐排出管汇的通径必须一致,低压管汇承压不低于1.0 MPa。

4.2.2.5　根据施工设计排量,吸入端应比排出端多1~2根吸入管线,在不同排量下,管汇供液能力应为施工排量的1~2倍。

4.2.2.6　对施工管线的由壬扣、端面和由壬盘进行全面检查。管线中由壬必须有橡胶圈,橡胶圈应该涂抹润滑脂。

4.3　井场大罐的摆放与管汇的安装。

4.3.1　罐群按现场设备摆放方案依次序集中摆放并编号,减少供液管线的长度。

4.3.2　罐群安装时,各罐的罐脚要全部放到罐基上或平整的硬地上,不能悬空,罐基后面高于前面10 cm。各罐出口方向一致整齐,蝶阀要便于打开,液位计要清晰便于观看。

4.3.3 井场使用面积应根据酸化压裂施工设计进行准备。井场场地平整,空中电线、井架绷绳等架设高度不影响施工、砂罐的举升和车辆运行。

4.3.4 低压分配器的安装。

4.3.4.1 根据施工现场布置,低压分配器与最近罐及最近供液设备的垂直距离均大于等于2 m。

4.3.4.2 不同介质的分配器连接时,中间要加蝶阀隔开。

4.3.4.3 安装前对施工罐群、低压分配器组、供液设备的进出口蝶阀的灵活性、有效性进行检查。

4.3.5 高压管汇的安装。

4.3.5.1 将施工必需的管汇从管汇车上转移到地面。

4.3.5.2 将管汇车上的高低压管撬安放在压裂泵车中间,距混砂车 4～5 m 处,排出端朝外。

4.4 高压管汇的连接。

4.4.1 将法兰盘连接至井口顶部。

4.4.2 高压主管汇的连接:按管汇连接示意图,从井口处向压裂车方向逐一连接高压主管汇。

4.4.3 排空泄压管汇和试压管汇按示意图进行连接,连接顺序是由高压主管汇向两侧逐一连接。

4.5 低压管汇的连接。

4.5.1 连接液罐和供液车或混砂车之间的部分。

4.5.2 连接供液车或混砂车至高压管汇之间的部分。

4.5.3 连接高压分配器至压裂车之间的部分。

4.6 连接要求。

4.6.1 高压管汇连接要求。

4.6.1.1 备用接头可以用来连接液氮泵车,实现混注液氮施工。可以根据需要决定是否连接备用接头。

4.6.1.2 根据压裂车辆摆放的顺序和方位调节各管汇的位置。

4.6.1.3 根据施工车辆距离井口的远近增加或减少排出管线的长度或数量。

4.6.1.4 高压管线连接后应尽量触地,管路系统应保持适当柔性或缓冲余地,以防止管路系统因振动造成泄漏。

4.6.1.5 高压管线及各类阀件连接时应严格依照流程图。

4.6.1.6 高压管线及各类阀件连接前应对连接部位进行清洗并检查密封垫良好状况,所有管件应连接紧固。

4.6.1.7 套管平衡管汇上应安装套管保护器或安全阀以保护套管。

4.6.2　低压管线连接要求。

4.6.2.1　低压管线尽量不要弯曲,如果有弯曲处,其弯曲处应呈圆弧形。

4.6.2.2　低压管线不能压在高压管线之下。

4.6.2.3　4 in低压管线单根排量应控制在 $1.5 \ \mathrm{m^3/min}$ 以下(对于清水或低浓度凝胶),根据施工设计吸入端应比排出端适当增加上水管线。

4.6.2.4　从储液罐到低压分配器的管线要连接可靠,不能有滴漏。

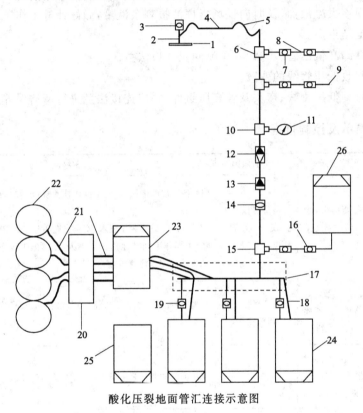

酸化压裂地面管汇连接示意图

1—法兰盘;2—直三叉;3—旋塞阀投球器;4—排出管;5—弯管;6—"T"型排空泄压三通;7—排空泄压旋塞阀;8—排空泄压管线;9—备用接头;10—"T"型接压力表三通;11—压力表;12—流量计;13—单流阀;14—主旋塞阀;15—"T"型试压三通;16—试压旋塞阀;17—高压分配器;18—低压管线;19—压出旋塞阀;20—低压分配器;21—低压管线;22—液罐;23—供液车或混砂车;24—压裂车;25—仪表车;26—管汇车。

4.7　现场施工。

4.7.1　穿戴好劳动保护用品,戴好对讲机。酸化或压裂酸化施工时要穿好防酸服,戴好护目镜。

4.7.2　现场施工时按照施工指挥的指令开关井口阀门,完成循环、试压、泵注各工序。

4.7.3　现场施工时要密切注意井口、高压管汇区,如果有泄漏情况,应该立即通知施工现场指挥。

4.7.4　施工时如出现刺漏,按指挥指令停泵,关闭井口总阀门放压至零后再进行整改。

4.7.5　听从施工指挥的指令,按工作液类型负责大罐闸门的顺序开关。

4.7.6　观察大罐液面,及时向现场指挥汇报剩余液量,做好计量工作。

4.8　施工结束后。

4.8.1　拆卸高低压管线、弯头、单流阀及井口法兰。

4.8.2　回收低压管线的残液。

4.8.3　对高低压管线、弯头及各高压组件、井口连接法兰进行清洁保养。

⑤ 风险提示及控制措施

工作内容	风险提示	产生的原因	控制措施
施工准备及回厂检查	人员伤害、设备隐患影响施工质量	岗位责任心不强、巡回检查不到位	(1) 各岗位严格执行《岗位操作技术规范》和《设备安全技术操作规程》。 (2) 施工前必须参加技术、安全交底和分工会议,明确施工指挥者、主操作手和其他岗位负责人,了解施工程序、施工参数、技术要求和安全注意事项
管线连接与拆卸	人员坠落、落物砸伤、意外伤害、设备损坏	岗位责任心不强、违章操作	遵守《酸化压裂施工安全管理规定》和《设备安全技术操作规程》
循环	管线不畅通发生爆裂、人员受伤、设备损坏	岗位责任心不强、违章操作	连接前检查管线通畅情况,循环时将闸门开启;设定超压保护
试压	高、低压管线破裂	未按规定进行高压管汇的检测	(1) 执行《高压管汇管理规定》,各泵车按施工要求设置超压保护。 (2) 试压值以施工设计为准,试压时保持 5 min 不刺不漏为合格

续表

工作内容	风险提示	产生的原因	控制措施
泵注过程	堵管柱或砂堵	人员误操作；设备故障	(1) 按设计和现场指挥要求施工；所有岗位人员必须听从施工指挥一人发出的指令。 (2) 维护好设备
	酸蚀	酸液飞溅，罐阀门或管线腐蚀	(1) 定期对高、低压管汇进行检测，保证无刺漏。 (2) 所有施工人员，应严格按规定穿戴好劳动保护用品
	井场着火	油基压裂液施工过程中，泵送系统发生泄漏	(1) 油基压裂时高压检测中心要对管汇进行检测，以保证无刺漏。 (2) 严禁烟火，地面消防设施必须完好齐全
	听力损伤	未正确使用劳动保护用品	施工现场佩戴防噪音耳塞或对讲机
	源辐射	源泄漏、辐射	加入防护屏障，非工作人员远离放射源，工作人员连接数据线后快速撤离。施工完毕后及时关闭放射源闸板
	井口、高压管线刺漏伤人	无安全标识	(1) 必须有安全警告牌、警示带和风向标。 (2) 明确发生故障和危险的紧急措施以及安全撤离路线。 (3) 非岗位操作人员，一律不允许进入高压区
施工结束	现场遗留废弃物	环境污染	(1) 生活垃圾和工业垃圾集中收藏，施工残液按上级主管部门技术人员指定地点排放。 (2) 如施工过程中发生液体刺漏或油料泄漏，应采取措施妥善处理，避免发生污染事故

⑥ 施工过程中风险应急处理的一般措施

主要概述施工过程中发生危险情况时，施工人员应迅速做出应急反应，以及处理风险的一般措施。

6.1 酸蚀。

6.1.1 发生人员被酸灼伤时，立即将被灼伤人员带领到清水和苏打水摆放处，用清水和苏打水清洗被灼伤人员的受伤处。

6.1.2 现场发现人员受伤立即向施工现场负责人报告。

6.1.3 现场负责人安排车辆将受伤人员送往就近医院治疗，并报告上级主管部门。

6.2 交通事故。

6.2.1 发生交通事故时，事故单位负责人应以最快捷方式通知上级主管部门，通知内容包括：时间、地点、伤害原因、伤害人数、伤害程度等。

6.2.2 上级主管部门接到报告后须立即报告安全第一责任人及安全主管部门。

6.2.3 事故现场负责人必须以最快的速度,将伤员送至最近的医院抢救治疗,并在现场按要求摆放警示标志。

6.2.4 接到事故通知后,抢救组负责通知医院做好急救准备,迅速赶到医院,办理住院手续,同时派人及时做好伤员家属的安抚工作。

6.2.5 安全主管部门负责事故调查和现场处置。

6.3 管线连接时,发生人员坠落、落物砸伤、榔头伤人。

6.3.1 受伤较轻时,现场受过急救培训的人员立即利用现场急救包,现场进行处理。

6.3.2 受伤较重时,压裂现场负责人立即以最快捷方式通知上级主管部门,通知内容包括:时间、地点、伤害原因、伤害人数、伤害程度。

6.3.3 上级主管部门须立即报告安全第一责任人及安全主管部门。

6.3.4 事故现场负责人对受伤人员进行现场处理后,以最快速度将伤员送至最近医院抢救治疗。

6.3.5 接到事故通知后,抢救组负责通知医院做好急救准备,并办理住院手续,同时派人及时做好伤员家属的安抚工作。

6.3.6 安全主管部门负责事故调查和现场处置。

6.4 试压时造成高、低压管线破裂,立即停止试压,更换破裂管线。

6.5 高压泵注。

6.5.1 高、低压管线破裂事故。

(1)立刻紧急停泵。

(2)酸化压裂队作业工立刻关闭井口与管汇车之间的旋塞阀。

(3)作业工立即关闭井口阀门。

(4)酸化压裂现场指挥指挥更换高、低压管汇,并组织对现场进行清理。

(5)由现场领导小组决定是否继续施工。

6.5.2 堵管柱或砂堵。

(1)按现场施工工序要求降低排量,当压力超过设计最大值时,立即停泵。

(2)开井放喷,至少放出一个管串容积的液量,将井筒中的浓砂液放出。

(3)用基液试挤,如压力不超压,砂堵解除,可泵注一定量的冻胶液后继续加砂;如试挤压力快速上升,砂堵未解除,则停止试挤,用水或基液反循环洗井,直到洗通为止。

(4)反循环洗井,出口管线必须用硬管线连接,返出物必须进罐,现场安全员在罐口做有毒有害气体检测。

(5)洗通或放通后,由现场领导小组根据具体情况决定是否继续施工。

6.5.3 井场着火。

(1)立刻紧急熄火;停泵;混砂车操作工紧急熄火,停止供液。

(2)酸化压裂队应急小分队在现场总指挥的指挥下用车载灭火器施救。

（3）通知消防车进入现场施救。

（4）未连接管线的车辆司机立即将车辆开至安全地点。

（5）作业队立即组织人员抢关井口阀门（无保护器）。

（6）酸化压裂队立即组织作业工抢关井口与管汇之间的旋塞阀。

（7）酸化压裂队作业工从放压阀放压。

（8）各车司机、泵工配合砸开高压管线，将车辆开至安全地点（火情允许）。

（9）现场抢险组在现场总指挥的统一指挥下，配合消防队灭火。

（10）其余人员在现场总指挥的指挥下撤至安全集合点待命，并清点人数。

（11）现场负责人立即通知上级主管部门，并报告火情、地点、是否需要增援。

（12）上级主管部门立即通知第一责任人赶赴现场。

（13）安全主管部门赶赴现场处理事故。

（14）灭火中的注意事项：

① 灭火工作应采用"先控制，后灭火"的原则，防止火势蔓延和扩大。

② 现场救火人员必须在确保自身安全的情况下实施救火。

③ 火灾险情消除后，待安全人员检查现场，确认安全后，方可进行现场勘查工作。

附录　井下作业岗位操作技术规范引用标准目录

一、小修与常规试油标准

1. GB/T 17745—1999　　　石油天然气工业　套管、油管的维护和使用
2. SY/T 5106—1998　　　油气田用封隔器通用技术条件
3. SY/T 5181—2000　　　裸眼井砾石充填防砂推荐作法
4. SY/T 5183—2000　　　油井防砂效果评价推荐方法
5. SY/T 5225—2005　　　石油天然气钻井、开发、储运防火防爆安全生产技术规程
6. SY/T 5251—2003　　　油气探井地质录取项目及质量基本要求
7. SY/T 5299—91　　　电缆式桥塞作业规程(1999年确认,原为强制性)
8. SY/T 5325—2005　　　射孔施工及质量监控规范
9. SY/T 5338—2000　　　加固井壁防砂工艺推荐作法
10. SY/T 5339—2000　　　人工井壁防砂推荐作法
11. SY/T 5340—2000　　　油井套管内砾石充填防砂工艺方法
12. SY/T 5467—1992　　　套管柱试压规范
13. SY/T 5523—2000　　　油田水分析方法
14. SY/T 5587.1—93　　　油水井常规修井作业　注水井调配作业规程
15. SY/T 5587.3—2004　　常规修井作业规程　第3部分:油气井压井、替喷、诱喷
16. SY/T 5587.4—2004　　常规修井作业规程　第4部分:找串漏、封串堵漏
17. SY/T 5587.5—2004　　常规修井作业规程　第5部分:井下作业筒准备
18. SY/T 5587.9—2007　　常规修井作业规程　第9部分:换井口装置
19. SY/T 5587.10—93　　油水井常规修井作业　水力喷砂射孔作业规程
20. SY/T 5587.11—2004　常规修井作业规程　第11部分:钻铣封隔器、桥塞
21. SY/T 5587.12—2004　常规修井作业规程　第12部分:打捞落物
22. SY/T 5587.14—2004　常规修井作业规程　第14部分:注塞、钻塞
23. SY/T 5588—2003　　　注水井调剖工艺及效果评价
24. SY/T 5718—2004　　　试油成果报告编写规范
25. SY 5727—2007　　　井下作业安全规程
26. SY/T 5734—1995　　　分采、分注井井下封隔器验封测试规程

27. SY/T 5744—1995　　　抽油机井环空测压规程

28. SY/T 5810—2003　　　连续气举采油井设计及施工作业

29. SY/T 5821—93　　　　碳酸盐岩油藏有机堵剂堵水工艺作法

30. SY/T 6465—2000　　　泡沫排水采气用起泡剂评价方法

31. SY/T 5858—2004　　　石油工业动火作业安全规程

32. SY/T 5863—93　　　　潜油电泵起下作业方法

33. SY/T 5873—2005　　　有杆泵抽油系统设计、施工推荐作法

34. SY/T 5874—2003　　　油井堵水效果评价方法

35. SY/T 5923—1993　　　油井堵水作业方法　水玻璃-氯化钙堵水及调剖工艺作法

36. SY/T 5924—93　　　　油井堵水作业方法　裸眼井机械卡堵水作业

37. SY/T 5952—2005　　　油气水井井下工艺管柱工具图例

38. SY/T 5968—94　　　　探井试油试采资料质量评定方法

39. SY/T 5980—1999　　　探井试油测试设计规范

40. SY/T 5981—2000　　　常规试油试采技术规程

41. SY/T 6013—2000　　　常规试油资料录取规范

42. SY/T 6028—94　　　　探井化验项目取样及成果要求

43. SY/T 6117—2003　　　石油修井机使用与维护

44. SY/T 6120—1995　　　油井井下作业防喷技术规程

45. SY/T 6081—94　　　　采油工程方案设计编写规范

46. SY/T 6127—2006　　　油气水井井下作业资料录取项目规范

47. SY/T 6171—2008　　　气藏试采地质技术规范

48. SY/T 6203—2007　　　油气井井喷着火抢险作法

49. SY/T 6228—1996　　　油气井钻井及修井作业职业安全的推荐作法

50. SY/T 6277—2005　　　含硫油气田硫化氢监测与人身安全防护规程

51. SY/T 6293—1997　　　勘探试油工作规范

52. SY/T 6294—2008　　　录井分析样品现场采样规范

53. SY/T 6362—1998　　　石油天然气井下作业健康、安全与环境管理体系指南

54. SY/T 6408—2004　　　钻井和修井井架、底座的检查、维护、修理与使用

55. SY/T 6464—2000　　　水平井完井工艺技术要求

56. SY/T 5372—2005　　　注水井分注施工作业规程及质量评价方法

57. SY/T 6549—2003　　　复合射孔施工技术规程

58. SY/T 6565—2003　　　油水井注二氧化碳安全技术要求

59. SY/T 6605—2004　　　石油钻、修井用吊具安全技术检验规范

60. SY/T 6610—2005　　含硫化氢油气井井下作业推荐作法
61. SY/T 5834—2007　　低固相压井液性能评价指标及测定方法
62. SY/T 6450—2000　　气举阀的修理、测试和调定推荐作法
63. SY/T 6484—2005　　气举井操作、维护及故障诊断推荐作法
64. SY/T 5906—2003　　配水嘴嘴损曲线图版制作方法
65. SY/T 6300—1997　　采油用清防蜡剂通用技术条件
66. SY/T 6572—2003　　防砂用树脂性能评价方法
67. SY/T 5273—2000　　油田采出水用缓蚀剂性能评价方法
68. SY/T 5904—2004　　潜油电泵选井原则及选泵设计方法
69. SY/T 6596—2004　　气田水回注方法
70. SY/T 6570—2003　　油井举升工艺设计编写规范
71. SY/T 5352—2007　　丢手可钻封隔器、桥塞及坐封工具
72. SY/T 5848—93　　抽油杆防脱器
73. SY/T 5275.2—2007　　注水用配水器　空心活动配水器
74. SY/T 5732—1995　　锁扣指式抽油泵脱接器
75. SY/T 6089—94　　蒸汽吞吐作业规程
76. SY/T 5872—93　　抽油泵检修规程
77. SY/T 5813—93　　水力活塞泵井泵顶部测压规程
78. SY/T 5275.3—94　　注水用配水器　固定式配水器
79. SY/T 5587.10—93　　油水井常规修井作业 水力喷砂射孔作业规程
80. SY/T 6124—1995　　气举排水采气工艺作法
81. SY/T 6170—2005　　气田开发主要生产技术指标及计算方法
82. SY/T 6463—2000　　采气工程方案设计编写规范
83. SY/T 6525—2002　　泡沫排水采气推荐作法
84. SY/T 6258—1996　　有杆抽油系统(常规型)设计计算方法
85. SY/T 5324—94　　预应力隔热油管
86. SY/T 5700—95　　常规游梁抽油机井操作规程
87. SY/T 5733—1995　　注水井偏心配水管柱分层测试调配规程
88. SY/T 5404—2002　　扩张式封隔器
89. SY/T 6257—1996　　蒸汽吞吐井注采工艺方案设计
90. SY/T 6304—1997　　注蒸汽封隔器及井下补偿器技术条件
91. SY/T 6118—1995　　热力采油蒸汽发生器水处理系统运行技术规程
92. SY/T 5832—2002　　抽油杆扶正器

二、大修标准

1. GB/T 17745—1999 　　石油天然气工业　套管、油管的维护和使用
2. SY/T 5068—2000 　　钻修井用打捞器
3. SY/T 5069—2000 　　钻修井用打捞矛
4. SY/T 5087—2005 　　含硫化氢油气井安全钻井推荐作法
5. SY/T 5826—93 　　水力活塞泵检修规程
6. SY/T 5110—2000 　　套管刮削器
7. SY/T 5225—2005 　　石油天然气钻井、开发、储运防火防爆安全生产技术规程
8. SY/T 5247—2008 　　钻井井下故障处理推荐方法
9. SY/T 5467—2007 　　套管柱试压规范
10. SY/T 5587.1—93 　　油水井常规修井作业　注水井调配作业规程
11. SY/T 5587.3—2004 　　常规修井作业规程　第3部分:油气井压井、替喷、诱喷
12. SY/T 5587.4—2004 　　常规修井作业规程　第4部分:找串漏、封串堵漏
13. SY/T 5587.5—2004 　　常规修井作业规程　第5部分:井下作业筒准备
14. SY/T 5587.9—2007 　　常规修井作业规程　第9部分:换井口装置
15. SY/T 5587.10—93 　　油水井常规修井作业　水力喷砂射孔作业规程
16. SY/T 5587.11—2004 　　常规修井作业规程　第11部分:钻铣封隔器、桥塞
17. SY/T 5587.12—2004 　　常规修井作业规程　第12部分:打捞落物
18. SY/T 5587.14—2004 　　常规修井作业规程　第14部分:注塞、钻塞
19. SY 5727—2007 　　井下作业安全规程
20. SY/T 5790—2002 　　套管整形与密封加固工艺作法
21. SY/T 5791—1993 　　液压修井机立放井架作业规程
22. SY/T 5792—2003 　　侧钻井施工作业及完井工艺要求
23. SY/T 5807—93 　　水力活塞泵井起下作业工艺方法
24. SY/T 5827—2005 　　解卡打捞工艺作法
25. SY/T 5846—93 　　套管补贴工艺作法
26. SY/T 5275—2002 　　偏心配水工具
27. SY/T 5870—93 　　套管补贴用波纹管
28. SY/T 5924—93 　　油井堵水作业方法　裸眼井机械卡堵水作业
29. SY 5182—2008 　　绕焊不锈钢筛管
30. SY/T 5955—2004 　　定向井井身轨迹质量
31. SY/T 6087—94 　　电潜泵解卡打捞工艺作法
32. SY 5337—2008 　　砾石充填工具

33. SY/T 6121—1995　　　封隔器解卡打捞工艺作法
34. SY/T 6085—94　　　　FSQ-15 型负压冲砂泡沫发生器
35. SY/T 6203—2007　　　油气井井喷着火抢险作法
36. SY/T 6218—1996　　　套管段铣和定向开窗作业方法
37. SY/T 6228—1996　　　油气井钻井及修井作业职业安全的推荐作法
38. SY/T 6264—2006　　　油水井大修作业工程设计编写规范
39. SY/T 6277—2005　　　含硫油气田硫化氢监测与人身安全防护规程
40. SY/T 6362—1998　　　石油天然气井下作业健康、安全与环境管理体系指南
41. SY/T 6377—1998　　　鱼顶打印作业方法
42. SY/T 6378—1998　　　油水井取套回接工艺作法
43. SY/T 6408—2004　　　钻井和修井井架、底座的检查、维护、修理与使用
44. SY/T 6605—2004　　　石油钻、修井用吊具安全技术检验规范
45. SY/T 6610—2005　　　含硫化氢油气井井下作业推荐作法
46. SY/T 6123—1995　　　双层预充填塑料防砂筛管
47. SY/T 5924—93　　　　油井堵水作业方法　裸眼井机械卡堵水作业

三、压裂(酸化)标准

1. SY/T 5211—2003　　　压裂成套设备
2. SY/T 5289—2008　　　油井压裂效果评价方法
3. SY/T 5835—93　　　　压裂用井口球阀
4. SY/T 5861—93　　　　压裂井口保护器
5. SY/T 6277—2005　　　含硫油气田硫化氢监测与人身安全防护规程
6. SY/T 6334—1997　　　油、水井酸化设计与施工验收规范
7. SY/T 6362—1998　　　石油天然气井下作业健康、安全与环境管理体系指南
8. SY/T 6376—1998　　　压裂液通用技术条件
9. SY/T 6486—2000　　　注水井酸化粘土防膨与微粒防运移工艺规范
10. SY/T 6565—2003　　　油水井注二氧化碳安全技术要求
11. SY/T 6610—2005　　　含硫化氢油气井井下作业推荐作法
12. SY/T 5405—1996　　　酸化用缓蚀剂性能试验方法及评价指标
13. SY/T 6302—1997　　　压裂支撑剂充填层短期导流能力评价推荐方法
14. SY/T 5860—93　　　　塑料球投球器
15. SY/T 6526—2002　　　盐酸与碳酸盐岩动态反应速率测定方法
16. SY/T 6486—2000　　　注水井酸化中粘土防膨与微粒防运移工艺规范
17. SY/T 6487—2000　　　液态二氧化碳吞吐推荐作法

18. SY 5185—2008　　　　砾石充填防砂水基携砂液性能评价方法
19. SY/T 5923—93　　　　油井堵水作业方法水玻璃-氯化钙堵水及调剖工艺作法
20. SY/T 5811—93　　　　硅酸盐系列堵剂通用技术条件
21. SY/T 5951—94　　　　环氧酚醛防腐油管技术条件
22. SY/T 5107—2005　　　水基压裂液性能评价方法
23. SY/T 6301—1997　　　油田采出水用缓蚀剂通用技术条件
24. SY/T 5590—2004　　　调剖剂性能评价方法
25. SY/T 5274—2000　　　树脂涂敷砂
26. SY/T 5276—2000　　　化学防砂人工岩心抗折强度、抗压强度及气体渗透率的测定
27. SY/T 6296—1997　　　采油用聚合物冻胶强度的测定　流变参数法
28. SY/T 5184—2006　　　砾石充填作业用砂检测推荐作法
29. SY/T 5108—2006　　　压裂支撑剂性能测试推荐方法
30. SY/T 5277—2000　　　油田化学堵水剂分类及型号编制方法
31. SY/T 6380—2008　　　压裂用破胶剂性能试验方法

四、试井标准

1. SY/T 5053.1—2000　　防喷及控制装置　防喷器
2. SY/T 5053.2—2007　　钻井井口控制设备及分流设备控制系统规范
3. SY/T 5073—2008　　　油田测井和试井绞车
4. SY/T 5079—2008　　　油田测试设备
5. SY/T 5154—1999　　　油气藏流体取样推荐作法
6. SY/T 5170—2008　　　石油天然气工业用钢丝绳
7. SY/T 5225—2005　　　石油天然气钻井、开发、储运防火防爆安全生产技术规程
8. SY 5299—91　　　　　电缆式桥塞作业规程
9. SY/T 5440—2000　　　天然气井试井技术规范
10. SY/T 5634—1999　　　石油测井电缆的使用与维护
11. SY/T 5691—2006　　　电缆式地层测试器测井资料解释规范
12. SY/T 5692—95　　　　电缆式地层测试器测试作业规程
13. SY/T 5718—2004　　　试油成果报告编写规范
14. SY/T 5726—2004　　　石油测井作业安全规程
15. SY 5727—2007　　　　井下作业安全规程
16. SY/T 5968—94　　　　探井试油试采资料质量评定方法
17. SY/T 6172—2006　　　油井试井技术规范
18. SY/T 6203—2007　　　油气井井喷着火抢险作法

19. SY/T 6276—1997　　　石油天然气工业健康、安全与环境管理体系

20. SY/T 6277—2005　　　含硫油气田硫化氢监测与人身安全防护规程

21. SY/T 6293—1997　　　勘探试油工作规范

22. SY/T 6337—2006　　　油气井地层测试资料录取规范

23. SY/T 6610—2005　　　含硫化氢油气井井下作业推荐作法

五、测试标准

1. SY/T 5035—2004　　　吊环、吊卡、吊钳

2. SY/T 5066—2008　　　地层测试器

3. SY/T 5066.2—93　　　油气田用地层测试器　地面控制装置

4. SY 5067—2008　　　　安全接头

5. SY/T 5812—1996　　　环空测试井口装置

6. SY/T 5154—1999　　　油气藏流体取样推荐作法

7. SY/T 5200—2002　　　钻柱转换接头

8. SY/T 5225—2005　　　石油天然气钻井、开发、储运防火防爆安全生产技术规程

9. SY/T 5290—2000　　　石油钻杆接头

10. SY/T 5299—91　　　电缆式桥塞作业规程

11. SY/T 5318—91　　　200-J 型压力计

12. SY/T 5483—2005　　　常规地层测试技术规程

13. SY/T 5486—1999　　　非常规地层测试技术规程

14. SY/T 5691—1995　　　电缆式地层测试器测井资料解释规范

15. SY/T 5692—95　　　电缆式地层测试器测试作业规程

16. SY/T 5699—95　　　提升短节

17. SY/T 5710—2002　　　试油测试工具性能检验技术规程

18. SY/T 5718—2004　　　试油成果报告编写规范

19. SY 5727—1995　　　井下作业安全规程

20. SY/T 5825—2007　　　电子式井下温度计温度测试规程

21. SY/T 5852—93　　　海上气井完井测试技术规范

22. SY/T 5875—93　　　油井液面测试方法

23. SY/T 5968—94　　　探井试油试采资料质量评定方法

24. SY/T 5980—1999　　　探井试油测试设计规范

25. SY/T 5981—2000　　　常规试油试采技术规程

26. SY/T 5988—94　　　油管转换接头

27. SY/T 6130—1995　　　注蒸汽井参数测试及吸汽剖面解释方法

28. SY/T 6013—2000　　　常规试油资料录取规范
29. SY/T 6203—2007　　　油气井井喷着火抢险作法
30. SY/T 6276—1997　　　石油天然气工业健康、安全与环境管理体系
31. SY/T 6277—2005　　　含硫油气田硫化氢监测与人身安全防护规程
32. SY/T 6292—2008　　　探井试油测试资料解释规范
33. SY/T 6293—1997　　　勘探试油工作规范
34. SY/T 6294—2008　　　录井分析样品现场采样规范
35. SY/T 6337—2006　　　油气井地层测试资料录取规范
36. SY/T 6581—2003　　　高压油气井测试工艺技术规程
37. SY/T 6610—2005　　　含硫化氢油气井井下作业推荐作法

参考资料

1 试油工程技术规程.四川石油管理局,2001.

2 压裂酸化相关标准与规范.四川石油管理局,2004.

3 井下作业岗位操作技术规范.新疆石油管理局,2007.

4 HSE作业指导书.新疆石油管理局.

5 试油气操作规范.吐哈石油井下技术作业公司,2003.

6 井下作业现场员工各岗位常规操作动作规范.吐哈石油井下技术作业公司,2003.

7 操作规程.玉门石油管理局油田公司,2004.

8 压裂队及试油队岗位责任和操作规程.长庆石油勘探局井下技术作业处,2007.

9 修井作业操作规程与技术要求.长庆石油勘探局.

10 岗位操作规程.华北石油管理局井下作业公司,2003.

11 试油作业指导书.华北石油管理局井下作业公司,2003.

12 井下作业各岗位操作规程、职责及技术规范.辽河石油勘探局,2007.

13 油气水井常规作业技术要求.吉林油田试油测试公司,2005.

14 岗位安全职责.吉林油田试油测试公司,2005.

15 安全操作技术规程汇编.吉林油田试油测试公司,2005.

16 井下作业各岗位岗位职责.冀东油田,2007.

17 油水井工序检验规定.冀东油田,2007.

18 井下作业公司相关标准和技术规范.冀东油田,2007.

19 测试岗位操作标准.华北石油管理局油气井测试公司.

20 崔德明.井下作业300例.石油大学出版社,2002.

21 聂海光,王新河.油气田井下作业修井工程.石油工业出版社,2002.

22 万仁溥.现代完井工程.石油工业出版社,2000.